博碩文化

U0086854

DrMaster

博碩文化
http://www.drmaster.com.tw

知識文化

科技風華

http://www.drmaster.com.tw

深度學習資訊新領域

● DrMaster

● 深度學習資訊新領域

 http://www.drmaster.com.tw

博碩文化

Vegas Pro
不敗經典

梁斗錫 著

郭淑慧 譯

邁向專業剪輯的48個具現化的技法與程序

Vegas Pro Bible

Take control of your creativity from the start

隨附光碟的使用說明

隨附光碟收錄了本書的範例及相關素材。在學習本書之前,請先將光碟內容複製到個人電腦的硬碟中,以利實際的操作與運用。

◎ 隨附光碟內容的構成

1 Video　2 Photo　3 Audio　4 Effects　5 Project　6 Complete Video　7 Program

資料夾	說明
[1 Video]	範例中所使用的動畫檔案
[2 Photo]	範例中所使用的照片檔案
[3 Audio]	範例中所使用的音樂檔案
[4 Effects]	範例中所使用的效果音檔案
[5 Project]	範例結果所做成的專案檔案
[6 Complete Video]	藉由範例製作,將最終結果算圖後所得到的動畫檔案
[7 Program]	範例中所使用的Script檔案

◎ 注意事項

本光碟收錄的範例素材為著作權物,著作權屬於作者,本書購入者僅能作為個人學習之用,不得運用於讀取參考以外的用途上,敬請注意!嚴禁其他目的之使用、散播、轉載、放上網路供人下載等行為。

◎ 免責事項

關於隨附光碟檔案的使用結果,作者及博碩文化股份有限公司恕不負任何責任。請基於自身責任而使用之。

Lesson 熟練文字標題特效　**116**

04

Vegas Pro的安裝方法

01
Lesson

 Vegas Pro軟體的下載與安裝

Vegas軟體可以透過Sony creative software(http://www.sonycreativesoftware.com/)的官網下載免費提供30天的試用版來使用。試用版是在30天後就無法使用的版本，需要配合使用中的系統環境來下載版本並進行安裝，不過在使用上並沒有問題。

請參照下列的說明，配合自身的系統環境來下載版本並安裝使用。

1.1 與Vegas Pro版本對應的安裝系統概要

• Vegas Pro 13：Vegas Pro 13適用於Windows 7、8、8.1 的64位元作業系統。

• Vegas Pro 12：Vegas Pro 12適用於Windows vista、Windows 7的64位元版本，不適用Windows 7的32位元版本和Windows XP作業系統。

• Vegas Pro 11：Vegas Pro 11僅可安裝於Windows vista、Windows 7的32位元、64位元以上，但不適用Windows XP。

• Vegas Pro 10：從Windows XP到Windows 7的所有版本都適用Vegas Pro 10。

1.2 安裝Vegas Pro 13試用版

1 為了下載 Vegas Pro 軟體，請輸入 http://www.sonycreativesoftware.com 並連接到該網站，將滑鼠移至網站中的 [Downloads] 選單，點選 [Trials and Demos]。

2 從顯示在 [Vegas] 的項目中點選 [Vegas Pro]。

3 在出現的Vegas Pro版本選擇視窗中，選擇英文版本後，點選[Download]
按鈕，儲存在桌面。

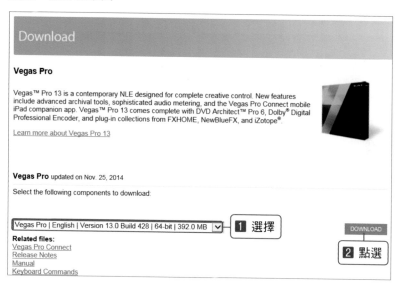

4 接著，按兩下執行被下載在桌面上的Vegas Pro 13安裝檔案。

5 在語言的選擇視窗中選擇[English]，點選[Next]按鈕，接著在同意使用者
規範上勾選後點選[Next]按鈕。

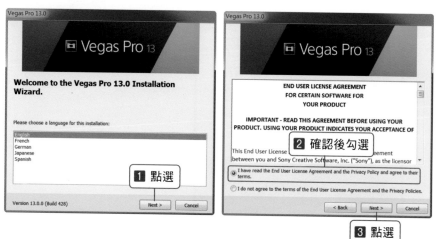

6 完成安裝的準備，為了在桌面上產生 Vegas Pro 13 的捷徑圖示，勾選
[Create a shortcut on the desktop]，點選 [Install] 按鈕。在顯示安裝完成
的視窗後，點選 [Finish] 按鈕。

7 完成安裝後，按兩下桌面的 "Vegas Pro 13.0" 執行圖示。

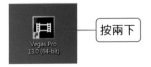

8 選擇 [Run the trail version of Vegas Pro 13.0]，點選 [下一步] 按鈕。

9 選擇[Register online]後，點選[下一步]按鈕。接著在使用者資訊的輸入視窗中填寫以粗體顯示的項目，勾選下方的[By providing this registration]，點選[完成]按鈕。

為了正常的安裝，系統必須是在連結網際網路的狀態下。

10 在顯示通知登錄完成的視窗後，點選[OK]按鈕，完成安裝。

如此一來，就會出現Vegas Pro 13的載入畫面，Vegas被執行了。

下載 Vegas 13 以前的版本

部分讀者無法安裝 Vegas 13 版本,只要下載 Vegas 13 以前的版本並安裝,即可使用 Vegas。

在 http://www.sonycreativesoftware.com 官網中點選[Downloads]選單的 [Updates],從出現頁面的 Vegas 清單中點選[Vegas Pro 12],即可下載 Vegas Pro 12 版本;若點選[All Vegas Updates],則會顯示截至目前為止 所發行的 Vegas 全部版本,因此請下載符合自己所需的 Vegas 版本來安裝 使用。

Vegas Pro Technic Book

Vegas Pro的畫面構成和主要功能介紹 02 Lesson

❶ Vegas 的畫面構成

在此以Vegas Pro 12的畫面構成進行簡單的說明，Vegas Pro 13的使用者亦可參考，兩版本的介面幾乎相同。

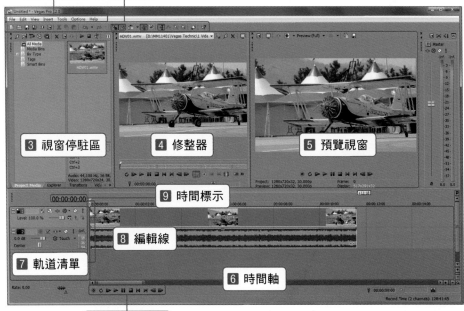

1 **選單列**（Menu Bar）：與檔案、編輯、預覽等設定相關的主選單，並持有各自的子選單，可以進行Vegas整體的基本設定。

2 **工具列**（Tool Bar）：將主要使用的工具以圖示的形式集中在一起的場所。

3 **視窗停駐區**（Window Docking Area）：Project Media、Explore、Transitions、Video FX、Media Generators等主要功能以標籤別區分。

4 **修整器**（Trimmer）：從檔案中裁切必要的區間並插入軌道的編輯器。

5 **預覽視窗**（Preview Window）：可以檢視影像編輯結果的視窗。

6 **時間標示**（Timeline Display）：告知在時間軸中編輯線指標所在的時間。

7 **軌道清單**（Track List）：具有可以控制存在專案中的各個影音檔案之軌道的各種按鈕。

8 **時間軸**（Time Line）：執行在影音檔案的配置與編輯上所需的全部操作之場所。

9 **編輯線**（Edit Line）：標示出正在編輯中的位置。

10 **播放控制列**（Transport Bar）：控制專案中編輯對象的影音檔案之播放。

❷ 工具列的名稱和功能

工具列是將主要使用的功能以圖示的形式來構成的，一旦點選該圖示，就會執行該功能的指令。

圖示	圖示名稱	說明
	新專案(New)	建立新專案。
	開啟舊檔(Open)	開啟使用在編輯上的媒體檔案或專案。
	儲存檔案(Save)	儲存專案檔案。
	另存新檔(Save As)	將專案檔案以其他名稱儲存。
	算圖(Render As)	將編輯完成的專案轉換成影像檔案。

	屬性設定(Properties)	設定和影像、音樂編輯作業相關的屬性。
	剪下(Cut)	將選取的媒體檔案剪下。
	複製(Copy)	複製選擇的檔案或要套用的效果。
	貼上(Paste)	將複製的檔案或效果貼上。
	復原(Undo)	回復到已執行編輯作業的上個階段。
	重做(Redo)	前進到已回復編輯作業的下個階段。
	磁鐵工具 (Enable Snapping)	有利於媒體檔案間的終點與起點緊密地接合。
	自動淡入淡出 (Automatic Crossfades)	媒體檔案重疊時自動套用淡入淡出。
	自動間距(Auto Ripple)	刪除或移動媒體檔案時，自動保持檔案間的間距。
	鎖定效果 (Lock Envelopes to Events)	媒體檔案移動時。讓其套用的所有效果得以一起移動。
	忽略群組 (Ignore Event Grouping)	讓受群組束縛的影像媒體檔案之視訊及音訊得以各自分離。
	一般編輯 (Normal Edit Tool)	要進行一般編輯時的按鈕。
	封套編輯 (Envelope Edit Tool)	一般模式下無法進行，僅可以變更某Envelop值。
	選取工具 (Selection Edit Tool)	使用在要選取多個媒體檔案時。
	放大工具 (Zoom Edit Tool)	使用在放大特定的部分時。
	使用說明 (Interactive Tutorials)	使用在顯示使用者手冊時。
	協助(What's this Help)	在點選的狀態下，一旦點選某處，就會顯示該處的說明。

❸ 視窗停駐區的標籤選單和Explorer工具列

3.1 標籤選單

- **專案媒體**(Project Media)：彙整顯示插入軌道的媒體檔案之標籤。

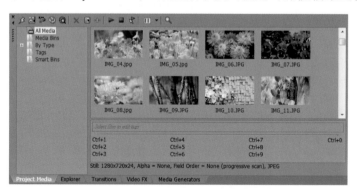

- **瀏覽器**(Explorer)：搜尋或確認儲存在電腦中的媒體檔案之標籤。

- **轉場效果**(Transitions)：集合藉由影像進行場景轉換時所使用的效果之標籤。

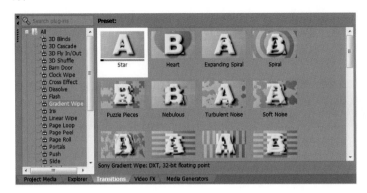

- **影像效果**(Video FX)：集合被使用在影像場景的效果之標籤。

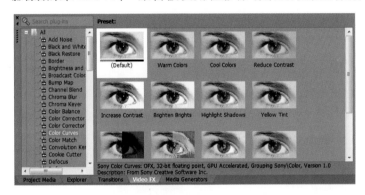

- **媒體產生器**(Media Generators)：集合在字幕效果或背景色等影像上所使用的各種效果之標籤。

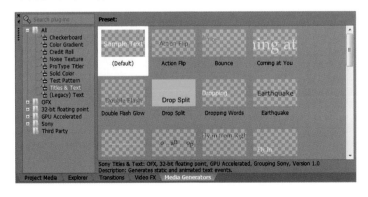

3.2 Explorer工具列的預覽按鈕

一旦點選Explorer工具列圖示中的Views⊞按鈕，即可選擇檔案的顯示選項，要以清單來顯示檔案或顯示檔案詳細資訊等。自Vegas Pro 12版以後，追加了縮圖功能，影像場景以預覽形式表現，可輕易地進行瀏覽。

④ 預覽視窗的名稱和功能

預覽視窗的按鈕

播放控制列

預覽資訊

■ 預覽視窗按鈕

圖示	圖示名稱	說明
	專案屬性 (Project Video Properties)	設定專案的作業環境。
	外部預覽螢幕 (Preview on External Monitor)	一旦點選，即可以全螢幕顯示。
	影像輸出效果(Video Output FX)	僅預覽畫面套用Video FX效果。
	分割預覽(Split Screen View)	能夠確認套用效果前後的不同。
Best (Full) ▼	預覽畫質(Preview Quality)	選擇預覽畫面的畫質。
	標示基準線(Overlays)	顯示預覽畫面的基準線。
	複製快照到剪貼簿 (Copy Snapshot To Clipboard)	複製快照到剪貼簿。
	儲存快照(Save Snapshot To File)	將顯示在預覽畫面的影像場景當作影像檔儲存。

■ 預覽資訊

- Project：顯示專案的長寬、像素、尺寸和每秒顯示的影格數值。
- Preview：顯示預覽畫面的長寬、像素、尺寸和每秒顯示的影格數值。
- Frame：顯示編輯線(Edit Line)所在位置的影格數值。
- Display：顯示在Vegas畫面中預覽畫面視窗的長寬大小。

❺ 軌道清單的名稱和功能

軌道最小化　軌道編號

軌道名稱

滑桿程度

音量滑桿

左右聲道滑桿

軌道最大化

- **軌道最小化**(Track Minimize)：將軌道清單的縱向高度最小化。再次點選，就回復原狀。

- **軌道最大化**(Track Maximize)：將軌道清單的縱向高度最大化。再次點選，就回復原狀。

- **軌道編號**(Track Number)：每當插入媒體檔案時，依次產生編號。

- **軌道名稱**(Track Name)：按二下的話，即可將軌道名稱輸入任意名稱。

- **合成滑桿**(Composite Slider)：移動滑桿，可調整視訊軌道的透明度。

- **音量滑桿**(Volume slider)：調整音軌的音量大小。

- **左右聲道滑桿**(Pan Slider)：調整音軌的左右喇叭音量之比例。

■ 軌道清單的圖示功能

圖示	圖示名稱	說明
	By Pass Motion Blur	隱藏動態模糊效果。
	軌道動態(Track Motion)	當要移動視訊軌道或是製作尺寸變更、傾斜等立體畫面時使用。
	自動設定(Automation Settings)	以自動或手動調整視訊軌道中的媒體檔案之明亮度。
	合成模式(Compositing Mode)	使用各式各樣的合成模式。
	合成子軌(Make Compositing Child)	將數個軌道整合為一並使Parent Motion有效。
	合成母軌(Make Compositing parent)	將透過合成子軌被整合為一的軌道回復到獨立的軌道。
	靜音(Mute)	鎖定視訊、音軌的功能。
	檢視單軌(Solo)	一旦點選該軌的圖示，僅會顯示該軌的媒體檔案。

Vegas Pro Technic Book

熟練Vegas的活用技巧 03

Lesson

重複套用 Vegas 所提供的各類 Transitions 和 Video FX，或是藉由與其他功能的組合，可以製作出利用基本效果所無法做到的各式各樣之形態效果。若某種程度熟練了藉由這類效果且能夠用各種風格來表現影像的基礎，透過本書所提供的活用法，將能夠輕易地培養出更多樣化活用 Vegas 的能力。

① 製作模糊效果

在以相機拍攝的照片中可以看到許多照片的後方背景是模糊的，然而期望的東西卻是拍成鮮明的。在 Vegas 中也可以表現出這類的模糊效果。

1 先點選上方選單的[File]-[New]，設定Width: 1280、Height: 720、Pixel aspect: 1.000(Square)。

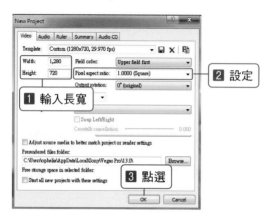

2 從[2 Photo]資料夾中將IMG_01.jpg檔案置入到2個軌道，點選第1軌道檔案的Event Pan/Crop(⬚)。

3 勾選Event Pan/Crop視窗的[Mask]後，切換成遮罩模式後，點選鋼筆工具(✎)，另一方面沿著新的邊線套用遮罩，完成後關閉視窗。

4 從[Video FX]標籤中將[Gaussian Blur]的[Light Blur]Preset拖曳至第2軌道的檔案上，套用後會顯示設定視窗，完成後關閉視窗。

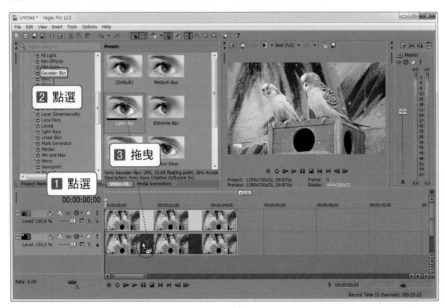

5 如此一來，經過預覽畫面可看到僅套用遮罩的新部分會呈現清楚，而殘餘部分則呈現模糊。

6 為了平順處理新的邊線部分，點選第1軌道的Event Pan/Crop(🔲)。

7 顯示遮罩視窗畫面後，設定[Path]的Feather type: Both，輸入Feather(%): 10，然後關閉視窗。

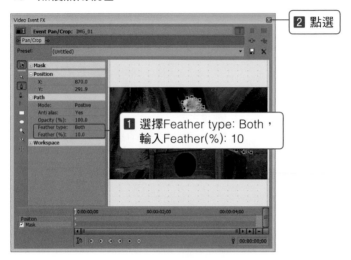

2 點選

1 選擇Feather type: Both，
輸入Feather(%): 10

Note • Feather type：圓滑處理邊線。

　　In：以邊線為中心，向內側平順處理。

　　Out：以邊線為中心，向外側柔順處理。

　　Both：以邊線為中心，同時向內側及外側圓滑處理。

　　Non：不套用。

• Feather(%)：調整平順處理的強度。

8 如此一來，透過預覽畫面可以看見失焦效果被套用的結果。

[原本素材]

[套用模糊]

製作在文字下方畫線同時畫圈強調的效果

介紹廣告中常見的效果之一，即用鉛筆在文字的部分畫上底線，或是為了強調重要部分而進行畫圈。

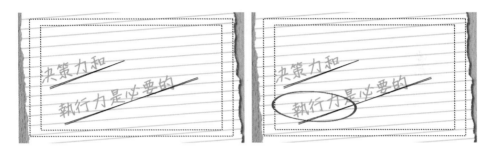

1 首先按下 Ctrl + Shift + Q 新增 3 個軌道。點選 [Explorer] 標籤，從 [2 Photo] 資料夾中將 IMG_03.jpg 檔案置入到第 3 軌道。接著點選 [Media Generators] 標籤，將 [(Legacy) Text] 的 [Default Text]Preset 置入到第 1 軌道。

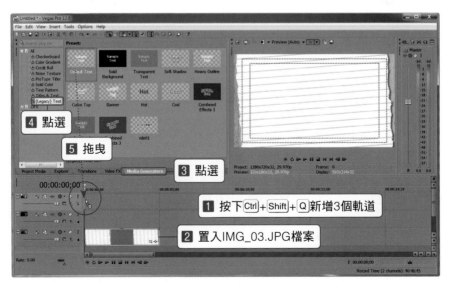

2 顯示字幕輸入視窗，輸入"決策力和"後，設定字體的種類和尺寸，點選 [Properties]標籤，選擇標題的色彩，關閉視窗。

3 也將[(Legacy) Text]的[Default Text]Preset置入到第2軌道，然後輸入"執 行力是必要的"，並套用同樣的字體、尺寸和色彩，再關閉視窗。

從[Media Generators]標籤中將[(Legacy) Text]的 [Default Text]Preset置入並輸入"執行力是必要的"

Note 步驟3的執行圖和前頁步驟1的操作方式相同。由於是將該Preset拖曳 到目標軌道的簡單作業，為了精簡版面，因此以編輯的略圖呈現。雖說 Vegas所顯示的畫面與書中的圖片不同，也不會構成作業的困擾。

4 點選第1軌道字幕檔案的Event Pan/Crop(□)。接著輸入X Center: 950、 Y Center: 490、Angle: 14等數值後關閉視窗。

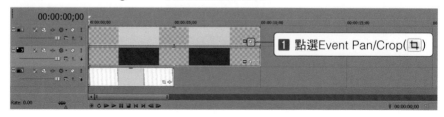

1 點選Event Pan/Crop(□)

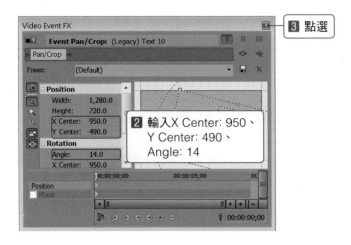

5 點選第2軌道字幕檔案的Event Pan/Crop(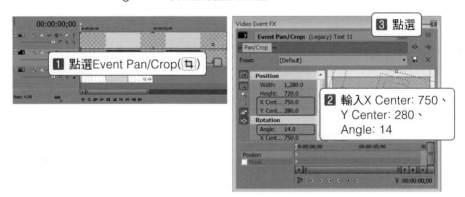)。接著輸入X Center: 750、Y Center: 280、Angle: 14等數值後關閉視窗。

6 將滑鼠移至第1軌道字幕檔案的前端,當圖示變為⊕時,向右拖曳套用淡入到01;05秒為止。

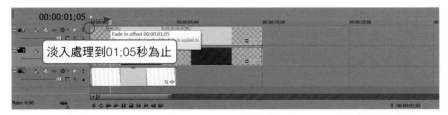

7 將第2軌道字幕檔案向右拖曳01;05秒。接著將滑鼠移至檔案的前端,當圖示變為 ⊕ 後向右拖曳,套用淡入00;25秒。

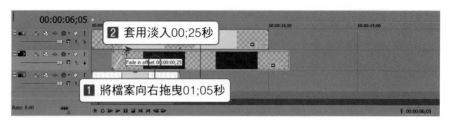

8 點選[Transitions]標籤,將[Linear Wipe]的[Left-Right, Soft Edge]Preset套用在已套用淡入的第1和第2軌道的檔案上。

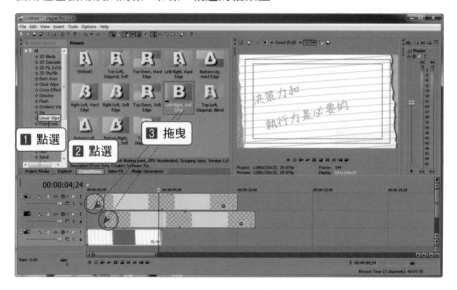

9 按下 Ctrl + Shift + Q 新增軌道,點選[Media Generators]標籤,將[Solid Color]的[Black]Preset拖曳到新軌,關閉設定視窗。

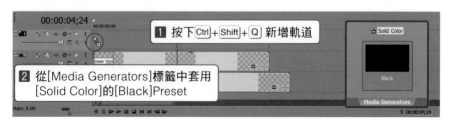

10 點選Solid Color的第1軌道之Track Motion(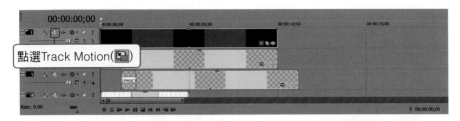)。

11 顯示Track Motion視窗後，點選鎖定長寬比Lock Aspect Ratio(▣)來解除固定長寬比例。其後輸入Width: 450、Height: 3。藉此，就完成線條的製作。接著，輸入X: -250、Y: 16、Angle: -20後關閉視窗。

12 在第1軌道清單上按下滑鼠右鍵，選擇[Duplicate Track]，複製軌道。

13 點選第1軌道的Track Motion(▣)，在出現的視窗中輸入Y: 20、Angle: -19 後關閉視窗。

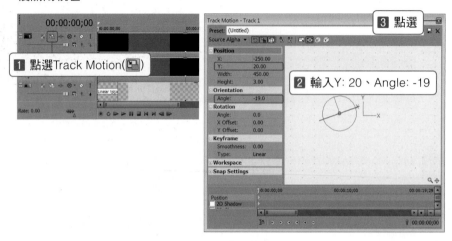

14 先將第2軌道的檔案向右移動到00;15秒處，再將滑鼠移至檔案前端上方，待滑鼠圖示變為⊕後向右拖曳，套用淡入到00;06秒。

15 先將第1軌道的檔案向右滑移到00;21秒處，再將滑鼠移至該檔案的前端上方，待滑鼠圖示變為⊕後向右拖曳，套用淡入到00;06秒。

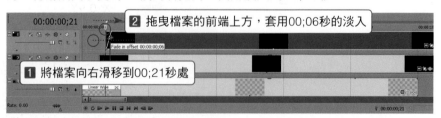

 當要使軌道的檔案左右移動時，移動滑鼠到檔案的中央部分並拖曳。

16 點選[Transitions]標籤，將[Linear Wipe]的[Left-Right, Soft Edge]Preset 套用在已套用淡入的第1和第2軌道的檔案上。

從[Transitions]標籤中套用[Linear Wipe]的 [Left-Right, Soft Edge]Preset

17 在第1軌道清單上按下滑鼠右鍵後，選擇[Duplicate Track]，複製軌道。

1 按下滑鼠右鍵

2 選擇[Duplicate Track]

18 點選被複製的第1軌道之Track Motion(📷)後，在出現的視窗中點選時間軸 的Keyframe，然後輸入Width: 800、X: 0、Y: -130、Angle: -19，關閉視 窗。

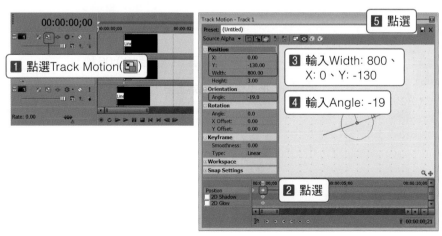

1 點選Track Motion(📷)

5 點選

3 輸入Width: 800、 X: 0、Y: -130

4 輸入Angle: -19

2 點選

19 在第1軌道清單上按下滑鼠右鍵，然後選擇[Duplicate Track]，複製軌道。

20 點選被複製的第1軌道之Track Motion(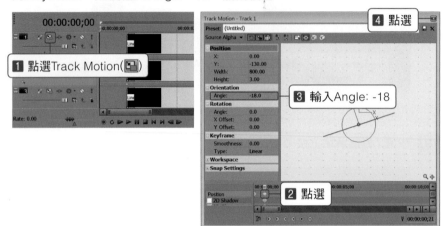)後，在顯示的視窗中點選時間軸的Keyframe，然後輸入Angle: -18，關閉視窗。

21 將第1軌道的檔案向右移動到 01;28秒處，再以同樣方法將第2軌道檔案移動到01;22秒處。

22 按下 Ctrl + Shift + Q 新增軌道，在新增的軌道上按下滑鼠右鍵，選擇[Insert Empty Event]，就會產生Empty Event檔案。

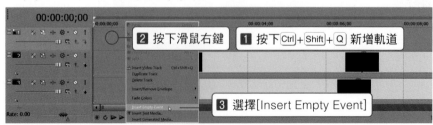

23 點選[Video FX]標籤，將[Cookie Cutter]的[(Default)]Preset套用在Empty Event檔案，在出現的設定視窗中，輸入Color: 0, 1.0, 1.0。接著，輸入 [Border]: 0.030、[Size]: 0.230後關閉視窗。

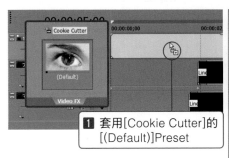

1 套用[Cookie Cutter]的 [(Default)]Preset

5 點選

2 輸入0, 1.0, 1.0

3 輸入Border: 0.030

4 輸入Size: 0.230

24 從[Video FX]標籤中將[Wave]的[Medium]Preset套用在Empty Event檔 案，在出現的設定視窗中，輸入Vertical waves: 0、Horizontal waves: 2.090後，關閉視窗。

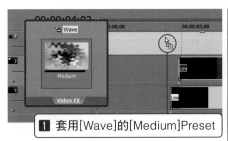

1 套用[Wave]的[Medium]Preset

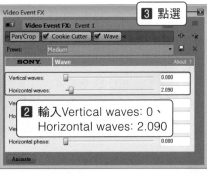

3 點選

2 輸入Vertical waves: 0、 Horizontal waves: 2.090

Note 上圖是基於版面關係，將下列的方法重新編輯過後而呈現出來的。

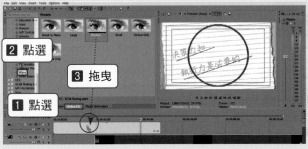

2 點選

3 拖曳

1 點選

25 點選第1軌道的Track Motion(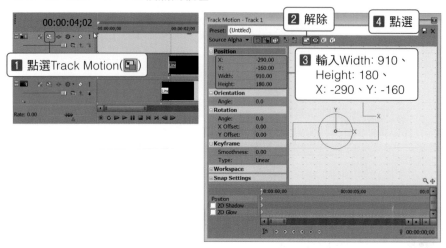)後，在出現的視窗中點選Lock Aspect Ratio()，以便取消下押鎖定的狀態，接著輸入Width: 910、Height: 180、X: -290、Y: -160後關閉視窗。

26 將Empty Event檔案的中央部分向右拖曳並移動到02;12秒處，將滑鼠移動到檔案的前端上方，待滑鼠圖示變為♔後套用淡入00;10秒。

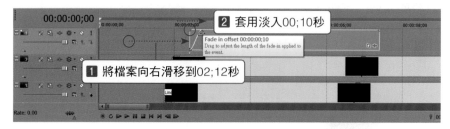

27 點選[Transitions]標籤，將[Clock Wipe]的[Clockwise, Soft Edge]Preset套用在Empty Event檔案的淡入部分後，關閉顯示的設定視窗。

28 檢視最終的效果，可看到在文字出現後有畫上底線、圓圈的效果。

結果檔案：[6 Complete Video]/Vegas Pro 12-FIN01.wmv
　　　　　 [5 Project]/Vegas Pro 12-02.veg

❸ 製作框架效果

這是在電視節目或運動節目中經常會看到的效果，在黑白畫面的中間出現一般的畫面，下面就讓我們來了解一下這種簡樸風格的畫面處理方法。

1 首先，從[1 Video]資料夾中將HDV02.wmv檔案置入到2個軌道。

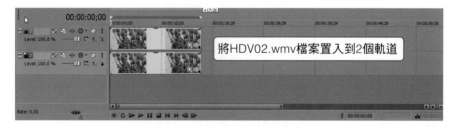

將HDV02.wmv檔案置入到2個軌道

2 點選[Video FX]標籤，將[Border]的[Solid White Border]Preset套用到第1軌道的檔案上。

從[Video Fx]標籤中套用[Border]的[Solid White Border]Preset

3 在出現的設定視窗中輸入Size: 0.020後，點選色彩的選擇部分並向下下拉，套用黑色後關閉視窗。

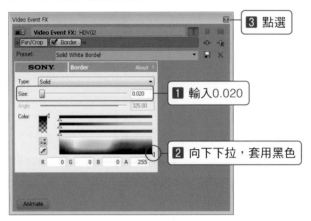

4 點選第1軌道的Track Motion(圖)，然後輸入Width: 1030後關閉視窗。

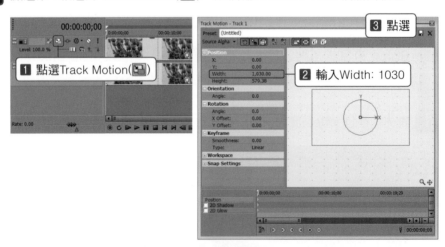

5 從[Video FX]標籤中將[Black and White]的[100% Black and White]套用在第2軌道的檔案後，關閉設定視窗。

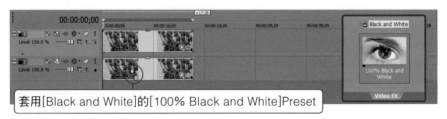

6 從[Video FX]標籤中將[Gaussian Blur]的[Light Blur]Preset套用在第2軌道的檔案後,關閉視窗。

套用[Gaussian Blur]的[Light Blur]Preset

7 如此一來,就可以得到相同的影像浮現在原有的影像上,又有不同風格的演出結果。

結果檔案:[6 Complete Video]/Vegas Pro12-FIN02.wmv
　　　　　[5 Project]/Vegas Pro 12-03.veg

4 製作地板反射效果

試著製作出如同字幕或影像映照在玻璃上那樣反射在地板的效果。

1 點選上方選單的[File]-[New]，設定Width: 1280、Height: 720、Pixel aspect: 1.000(Square)，建立專案。然後將[2 Photo]資料夾的IMG_04.jpg 檔案置入到2個軌道。接著點選第1軌道的Track Motion()。

2 在Track Motion視窗中輸入Width: 900，然後在F畫面上按下滑鼠右鍵，選擇[Flip Vertical]，使影像上下顛倒。

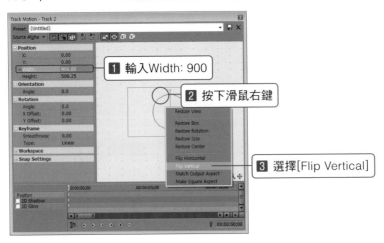

3 然後點選畫面的方盒，向下下拉，或是輸入Y: -510，讓上方的影像下降後，關閉視窗。

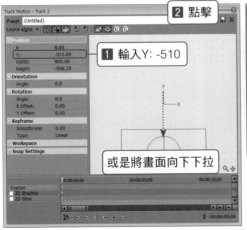

上方影像往下降

4 將滑鼠置於第2軌道的檔案上方，當指標圖示變為 時，拖曳下拉至50%。

5 點選第2軌道檔案的 Event Pan/Crop（⊡）。

6 在顯示的視窗中勾選下方的[Mask]後，檔案由下往上套用1～2公分的遮罩，選擇 Feather type: Both，輸入 Feather(%): 50，關閉視窗。

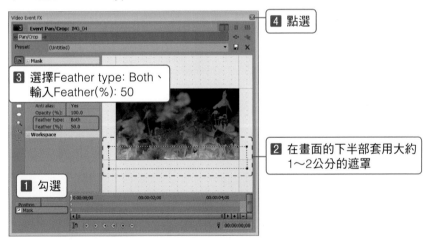

7 首先按下 Ctrl + Shift + Q 新增軌道。接著點選第2和第3軌道的 Make Compositing Child（▣），使軌道產生子母關係。

8 點選第1軌道的Compositing Mode(），並套用3D Source Alpha()。同樣地也點選第1軌道的Parent Compositing Mode(），以及第2、第3軌道的Compositing Mode(），並套用3D Source Alpha()。如同右側的畫面，讓這4個地方全都顯示為()。

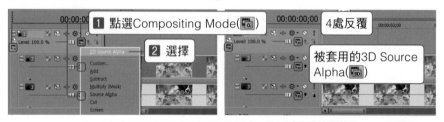

9 點選被子母軌關係所包圍的第1軌道之Parent Motion()。

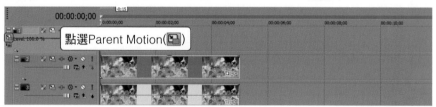

Note Parent Motion()和Track Motion()

- Parent Motion和Track Motion的圖示形狀一樣，兩者都是用來調整視訊軌道的大小和動作等處理。
- Parent Motion 當被賦予與下層的軌道有關聯時會被顯示出來，在作業時就連存在內部的軌道之作業效果也會被反映出來；然而 Track Motion 則只會反映在單一軌道上。

10 輸入Z: 400，在預覽畫面中可以看見製作出地板反射的效果。

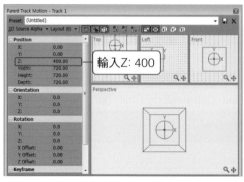

11 為了套用Motion，點選時間軸的01;00秒處並輸入Z: 0後，點選時間軸的01; 25秒處，並且輸入[Orientation]的X: 180、Y: -50、Z: 180。

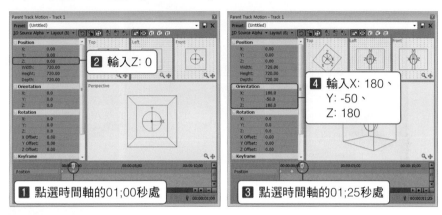

12 接著，點選時間軸的02;20秒處，輸入Z: -180；然後點選時間軸的03;20秒處，輸入[Orientation]的X: 0、Y: 0、Z: 0，以及輸入[Position]的Z: 400，關閉視窗。

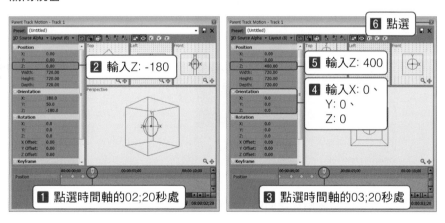

13 檢視最終的結果，可看到套用了地板反射效果並進行旋轉的影像。

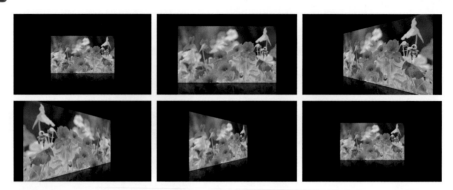

結果檔案：[6 Complete Video]/Vegas Pro 12-FIN03.wmv
　　　　　[5 Project]/Vegas Pro 12-04.veg

Note 字幕也同樣地可以製作出反射在地板的效果。

⑤ 製作多色轉場效果

在一般的情形下，轉場效果是僅可套用一個效果，然而一旦同時使用數個轉場效果，則可能變形為其他的型態。

1. 建立專案後，按下 Ctrl + Shift + Q，新增4個軌道。接著點選 [Media Generators] 標籤，將 [Solid Color] 的 [White]Preset 置入到第4軌道 。

2 顯示設定視窗後，在輸入色彩值的窗格上輸入 1.0, 1.0, 0.0, 1.0，或是按著
Color滑桿來選擇喜歡的色彩，關閉視窗。

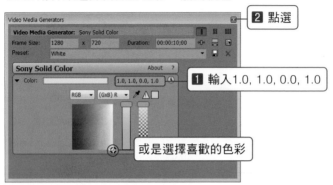

3 點選時間軸的00;22秒處，使編輯線移動至此後，將滑鼠移動到Solid Color
檔案的末端呈現出 ，然後拖曳到編輯線所在的00;22秒處。

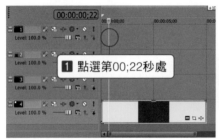

Note 往前滾動滑鼠滾輪，可以放大時間軸；往後滾動滑鼠滾輪，可以縮小時間
軸。藉此，可以進行高精密度的檔案裁切或區間確認。

4 點選Solid Color後，按下 Ctrl + C 進行複製。接著將編輯線移動到最前面的
位置，按下 Ctrl + V，然後在出現的視窗中點選 [OK]，貼在3個軌道上。

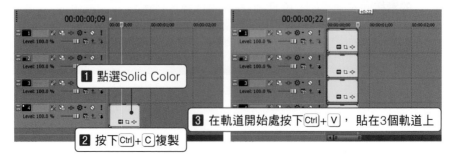

5 點選第1、第2和第3軌道Solid Color的Generated Media(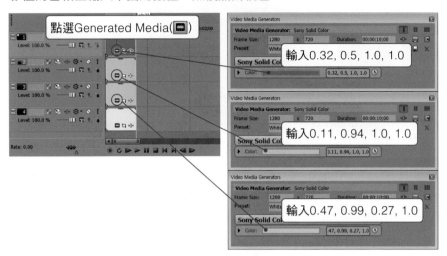)，在輸入色彩值的窗格上輸入下圖的數值，然後關閉視窗。

6 使滑鼠移動到所有的Solid Color檔案的前端，待滑鼠圖示變為⊕，然後向右拖曳到最後，套用淡入效果。

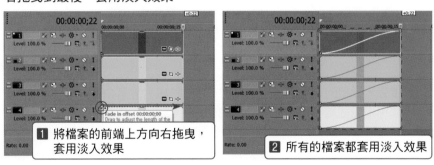

1 將檔案的前端上方向右拖曳，套用淡入效果

2 所有的檔案都套用淡入效果

7 點選[Transition]標籤，使[Gradient Wipe]的[Heart]Preset套用在已套用了淡入的4個Solid Color檔案上。顯示設定視窗後，將[Threshold Blend]的滑桿向左端滑移，套用0.0並關閉視窗。

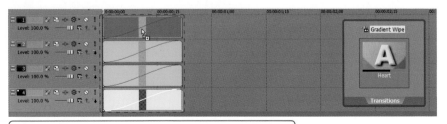

1 在4個軌道上套用[Gradient Wipe]的[Heart]Preset

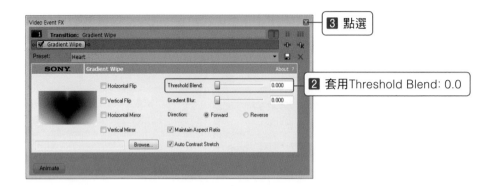

8 點選時間軸的00;03秒處，使編輯線移動至此後，將滑鼠移動到第3軌道檔案的前端，待滑鼠圖示變為 ↤⊟ 後向右側拖曳直到與編輯線對齊。

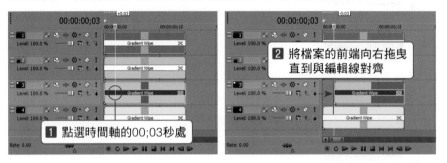

9 接著，以相同方法點選時間軸的00;05秒處，將第2軌道檔案的前半對齊編輯線拖曳縮減。再次點選時間軸的00;08秒處，使編輯線移動至此，將第1軌道檔案的前端向右拖曳，對齊編輯線縮減。

10 點選第1軌道的檔案後，按著 Shift 鍵不放，點選第4軌道的檔案，選取全部的檔案，然後按 Ctrl + C 複製。

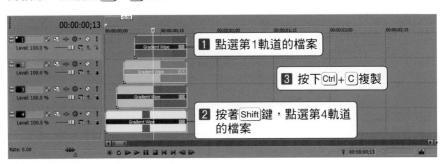

11 點選第1軌道時間軸的01;29秒處，然後按下 Ctrl + V 進行貼上。

12 逐一點選所有被複製的Solid Color檔案的Transition Properties(✖)，顯示設定視窗後，點選[Direction]的[Reverse]，關閉視窗。

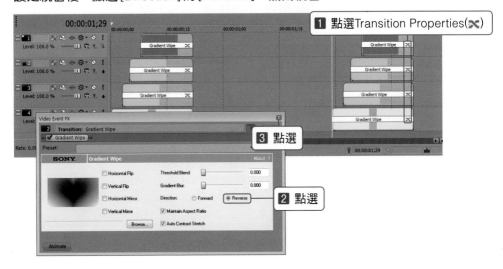

13 按下 Ctrl + Shift + Q 新增軌道,點選時間軸的00;13秒處,使編輯線移動至
此後,從 [2 Photo] 檔案夾中將 IMG_05.jpg 檔案對齊編輯線置入,接著點
選檔案的 Event Pan/Crop。

14 一邊按住 Shift 鍵,一邊將F畫面的控制點向內側拖曳。接著,點選F畫面並
拖曳至左端;點選時間軸的末端後,將F畫面拖曳至右端。

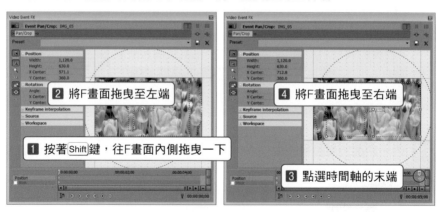

15 點選時間軸的02;14秒處,使編輯線移動至此,當滑鼠移動到檔案的末端
時,圖示會變為 ⊡→,向左拖曳對齊編輯線,進行縮減。

16 將滑鼠移動到第1軌道檔案的前端，當指標圖示變成◁┼時，向右側拖曳直到對齊前方Solid Color的末端；將滑鼠移動到檔案的末端，當指標圖示變成┼▷時，向左側拖曳直到對齊後方solid color的前端。

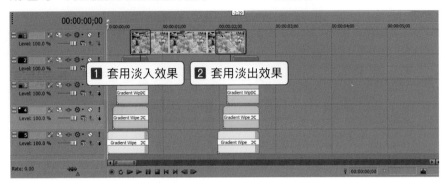

17 從[Transitions]標籤中將[Gradient Wipe]的[Heart]Preset套用在已套用Fade的第1軌道之前端，顯示設定視窗後，將[Threshold Blend]的滑桿向左端滑移，套用0.0後關閉視窗。

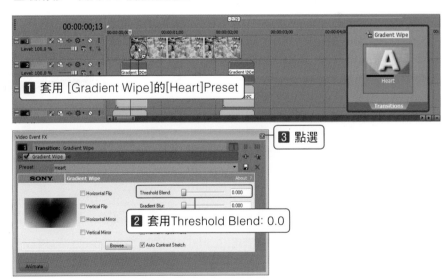

18 從[Transitions]標籤中將[Gradient Wipe]的[Heart]Preset套用在已套用 Fade的第1軌道之末端,顯示設定視窗後,將[Threshold Blend]的滑桿向 左端滑移,套用0.0,並勾選[Direction]的[Reverse]後,關閉視窗。

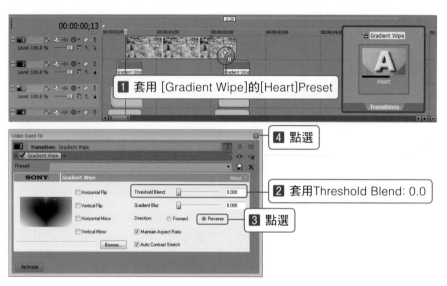

19 點選[Media Generators]標籤,將[Solid Color]的[White]Preset置入到第 5軌道的下方,關閉視窗。

從[Media Generators]標籤中套用[Solid Color]的[White]Preset

20 播放並檢視最終的結果，可以看到多樣顏色的心形被反覆展開，並在照片顯示後又再次出現各式各樣顏色的心形顯示，場景切換的效果。

結果檔案：[6 Complete Video]/Vegas Pro12-FIN04.wmv
[5 Project]/Vegas Pro 12-05.veg

6 製作2分割畫面

說明有關於2個不同的影像在單一畫面上同時顯示的2分割畫面製作。

1 點選上方選單的[File]-[New]，設定Width: 1280、Height: 720、Pixel aspect: 1.000(Square)，建立專案。接著按下 Ctrl + Shift + Q 新增2個軌道，並將[1 Video]資料夾中的HDV03.wmv、HDV04.wmv檔案分別置入到2個軌道。

2 置入HDV03.wmv、HDV04.wmv檔案

1 按下 Ctrl + Shift + Q 新增2個軌道

2 然後點選第1軌道的Track Motion()，在顯示Track Motion視窗後輸入Width: 640、X: -320，關閉視窗。

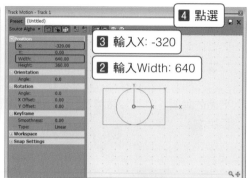

3 接著點選第2軌道的Track Motion()，在Track Motion視窗中輸入Width: 640、X: 320後，關閉視窗。

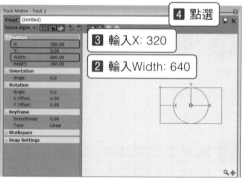

4 如此一來，製作出以畫面的中央為中心、分割成左右兩側的分割畫面。

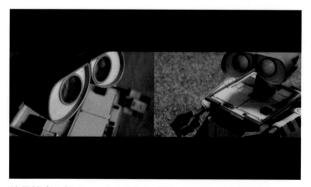

結果檔案：[6 Complete Video]/Vegas Pro 12-FIN05.wmv
　　　　　[5 Project]/Vegas Pro 12-06.veg

Note 製作分割畫面時的位置座標計算

在畫面尺寸為 1280x720 的狀態下，製作 2 分割畫面時是以橫向配置 2 個畫面，因此把水平畫面 (1280) 除以 2(1280/2=640) 得到 Width: 640，在 Track Motion 視窗中輸入橫向的解析度值。保持畫面橫向位置的 X 座標不是在左邊，而是以預覽畫面的正中央為基準，圖像的位置也使用圖像正中央的值。因此，僅以橫向尺寸 640 的一半 320 配置在左右。(畫面左側 -320，畫面右側 320)

下面的說明是有關於依據畫面尺寸進行畫面分割操作時的位置座標之計算，請參照之。

■ 在 720X480 的畫面中，將照片進行 9 分割配置時的尺寸與位置值

在畫面尺寸為 720X480 的狀態下，若是 9 分割的畫面，橫向和縱向要各配置 3 張，因此將畫面尺寸除以 3，會得到一個照片的尺寸為 240X160(720÷3=240，480÷3=160)。

然而，照片的 X、Y 座標並非照片的起始點，而要以正中央作為基準點。因此 5 號照片是放在正中間，(0, 0) 的位置則是照片的橫寬與縱長各半的地方。2 號照片的位置是在 5 號照片的垂直正上方 (+ 方向)，僅要照片的垂直尺寸 +160，就可得到位置 (0, +160)；同理可得，8 號照片是位在 5 號照片的垂直正下方，於是位置為 (0, -160)。

4 號照片因為位於 5 號照片的左側 (- 方向)，所以僅移動照片的橫向尺寸 240，位置在左側的 (-240, 0)；6 號照片因為位於 5 號照片的右側，所以位置在 (+240, 0)。也就是說，在計算好作為基準點的照片位置後，一邊依據照片的橫寬與縱高來移動一邊計算即可。

1號照片 (-240, +160)	2號照片 (0, +160)	3號照片 (+240, +160)
4號照片 (-240, 0)	5號照片 (0, 0)	6號照片 (+240, 0)
7號照片 (-240, -160)	8號照片 (0, -160)	9號照片 (+240, -160)

- 畫面尺寸：720X480
- 若是 9 分割的話，為了配置橫縱各 3 張，需要 3 等分，因此照片每張的尺寸：240X160
- 橫向 X 座標是以橫向的尺寸 240 向左 (-)、右 (+) 移動。
- 縱向 Y 座標是以縱向的尺寸 160 向上 (+)、下 (-) 移動。

項目		第1軌	第2軌	第3軌	第4軌	第5軌	第6軌	第7軌	第8軌	第9軌
Position	X	-240	0	240	-240	0	240	-240	0	240
	Y	160	160	160	0	0	0	-160	-160	-160
	Width					240				
	Height					160				

⑦ 賦予浮水印

觀看 TV 畫面時能夠在畫面右側或左側上方看見電視台的商標或標題，我們稱此為浮水印。所謂的浮水印，是為了顯示原來的所有者是誰而被使用的技法，在此將說明如何透過 Vegas 插入浮水印的方法。

7.1 讀入使用 Photoshop 所製成的 Logo 檔案

為了做出充滿自我個性的浮水印，建議使用 Photoshop。由於可以輕易做出極佳的商標，因此即使是不熟悉 Photoshop 者，也有必要去學會 Photoshop 較好。

1. 首先啟動 Photoshop 應用程式，點選 [File]-[New]，顯示 new 視窗後，為了等同於影像的解析度，輸入 Width: 1280、Height: 720，選擇 Background Contents: Transparent，點選 OK 按鈕。

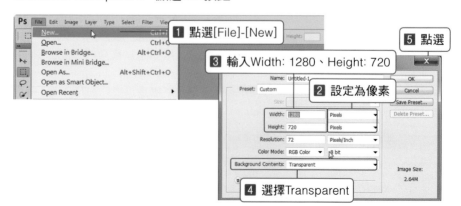

2 視窗開啟後，點選Custom Shape Tool(◨)，接著點選上方的Shape(▾)按鈕，選擇目標的形狀。

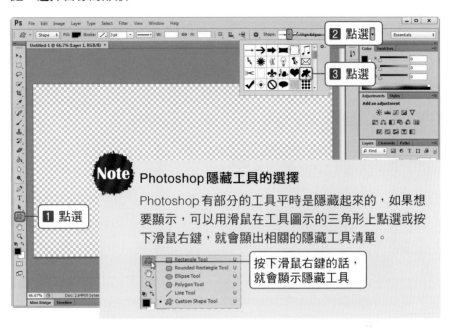

3 然後將其拖曳到要放在影像畫面的位置上，做出商標的形狀。

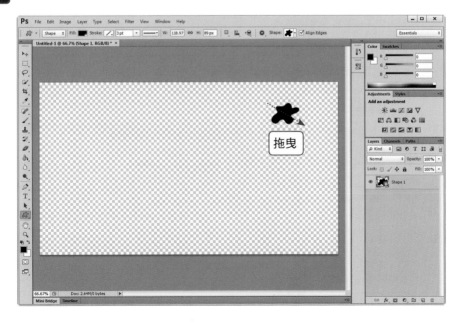

4 為了套用色彩在LOGO的形狀上，按二下右下[Layers]標籤的Shape圖層的縮圖。然後在檢色器的視窗中選擇顏色，點選[OK]按鈕即可。

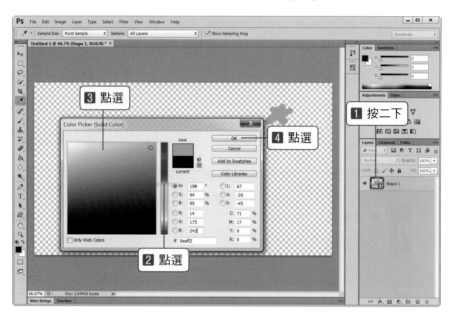

> **Note** 顯示[Layers]視窗
>
> 在Photoshop中，想要顯示或隱藏圖層視窗時，點選選單中的[Window]-[Layers]或是使用快速鍵 F7 即可。

5 為了製作出LOGO的陰影效果，點選位在[Layer]標籤下面的 *fx*.按鈕，然後選擇[Drop Shadow]。開啟設定視窗後，套用[Opacity]為40%，點選[OK]按鈕即可。

6 點選Type Tool（ **T** ），輸入目標的字幕後，將字幕的位置保持位於LOGO的上方，然後點選選項列的確認圖示，完成字幕的輸入。接著彷彿以同樣方法套用在LOGO上那樣點選 **fx.** 按鈕，選擇[Drop Shadow]，製作陰影。

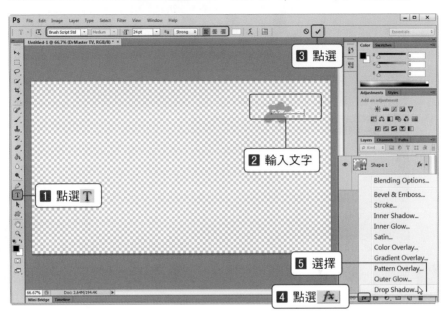

7 點選[File]-[Save]，輸入儲存位置和檔案名稱，[Format]則選擇Photoshop的PSD，然後點選[存檔]按鈕。

Note 在Vegas中是可以使用Photoshop的PSD檔案格式。將作業的檔案帶入Vegas之後，當需要修正時，在Photoshop完成修改後，一旦直接儲存在相同的檔案上，在Vegas讀取到的檔案也會立即被變更為修正檔，因此操作很簡單。

8 然後在Vegas中載入影像，新增軌道，將在Photoshop所製作的LOGO檔案置入。如此一來，就可以在畫面右側看見製作的LOGO了。

9 若要將LOGO檔案做成半透明的話，只要將滑鼠移至LOGO檔案的上端，當轉變為手形(🖐)，向下拖曳至50%即可。

1 將滑鼠移至檔案的上端部分

2 向下拖曳到50%的地方

10 LOGO的透明度經處理後，就會有浮水印的效果，可以自行做出或選擇喜歡的形式。

結果檔案：[6 Complete Video]/Vegas Pro12-FIN06wmv
　　　　　[5 Project]/Vegas Pro 12-07.veg

7.2 調整檔案的位置

點選LOGO檔案軌道的Track Motion(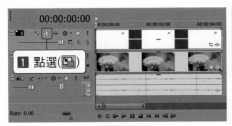)，將畫面的方盒作用在必要的部分。

藉此，可以將LOGO配置在目標的位置上。不僅是Photoshop所做成的檔案，一般的圖像檔案也能以相同的方法來設定LOGO的位置，因此只要進行透明度的處理，就可以當作浮水印來使用。

變更影片中任意部分的顏色

在 Vegas 眾多的視訊 FX 效果中，[Color Corrector(Secondary)]是可以使用在改變特定區域的顏色、或是僅處理黑白或彩色等高度圖像處理技術的效果。以下我們將來解說使用這個 FX 效果來變更圖像中特定部分的顏色。

1 從[1 Video]資料夾中將HDV06.wmv檔案置入時間軸。接著從[Video FX]標籤中將[Color Corrector(Secondary)]的[(Default)]Preset套用在檔案上。

2 開啟設定視窗後，點選Select effect range(Select effect range)按鈕，如此一來就會變成滴管形狀的圖示(✐)，此時在預覽畫面中點選要改變顏色的黃色部分。

3 為了指定用來將透過滴管所點選的部分顏色變更為其他顏色的領域，勾選 [Show mask]，並以黑白畫面變更後，輸入[Limit luminance]的Low: 0、 High: 255，並輸入[Limit saturation]的Low: 37、High: 162。如此一來， 白色領域（滴管點選顏色的領域）會呈現得非常清楚。

[主要畫面]

[確認Show mask]

[調整Limit luminance值]

[調整Limit saturation值]

Note 一旦勾選Show mask，以滴管點選的顏色部分會以白色顯示。

Limit luminance、Limit saturation、Limit hue等設定項目，一旦按下▶按 鈕的話，其子項目都會顯示出來。

4 取消勾選[Show mask]後，點選chrominance(▶)，在顏色面板選擇想要變更的顏色，關閉視窗。

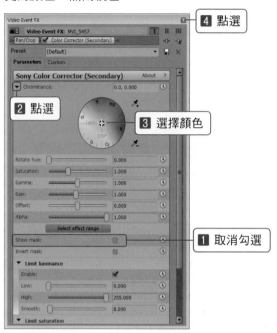

5 檢視最終的結果，以滴管點選的黃色部分改用被選擇的顏色來呈現。

結果檔案：[6 Complete Video]/Vegas Pro12-FIN07.wmv
　　　　　[5 Project]/Vegas Pro 12-08.veg

❾ 製作出像電影「萬惡城市」的畫面效果

在布魯斯‧威利主演的電影「萬惡城市」中，可以看到在一個全黑畫面中只呈現特定的部分顏色的技術。現在就告訴大家如何製造出這種效果。

1 從[1 Video]資料夾中將HDV07.wmv檔案置入到時間軸，然後從[Video FX]標籤中將[Color Corrector (Secondary)]的[(Default)]Preset套用在檔案上。

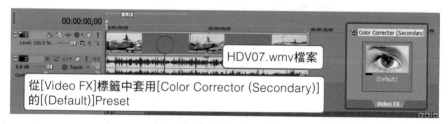

2 開啟設定視窗後，點選Select effect range(Select effect range)按鈕，在指標圖示顯示成滴管狀(🖋)後，點選在預覽畫面中想要呈現的黃色部分。

3 為了指定用來將透過滴管所點選的部分顏色變更為其他顏色的領域，勾選 [Show mask]，並以黑白畫面變更後，輸入 [Limit luminance] 的 Low: 0、 High: 255；並輸入 [Limit saturation] 的 Low: 30、High: 162。如此一來， 白色領域（滴管點選顏色的領域）會呈現得非常清楚。

4 接著，取消勾選 [Show mask]，並在勾選 [Invert mask] 後，將 Saturation 的滑桿向左端滑移或套用 0，然後關閉視窗。

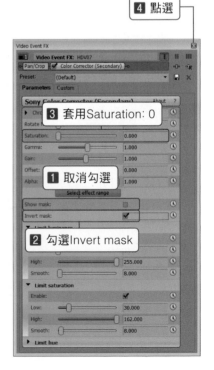

5 從[Video FX]標籤中將[Color Corrector (Secondary)]的[Desaturate Highs]
Preset套用在檔案上。

6 在出現的設定視窗中勾選[Invert mask]後,將Alpha的滑桿向左端滑移、
套用0後,再將[Limit luminance]的Low的滑桿向左滑移調整,讓色彩的
顏色部分充分顯現。設定完成後,關閉視窗。

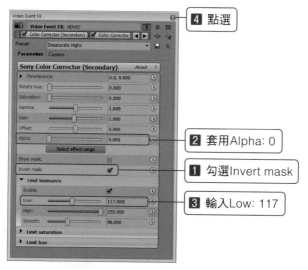

7 最後,從[Video FX]標籤中將[Soft Contrast]的[Soft Moderate Contrast]
Preset套用在檔案上,關閉顯示的設定視窗。

8 如此一來，僅有黃色的飛機本體會以色彩顯示，而飛機本體以外的部分則是呈現出黑白的畫面，可以看到如同電影萬惡城市風格的畫面效果。

[原本]　　　　　　　　　　　　　　　[套用效果後]

結果檔案：[6 Complete Video]/Vegas Pro12-FIN08.wmv
　　　　　 [5 Project]/Vegas Pro 12-09.veg

⑩ 創造虛擬的自然效果

一旦使用Media Generators的Noise Texture，就能夠支援具有特殊功能的Preset來製作出雨、雪、雷、火等虛擬的自然效果，而且可以僅透過基本的Preset來實作出多樣的視覺演出效果。以下就來介紹其使用的方法。

10.1 創造下雨的效果

1 從[1 Video]資料夾中將HDV08.wmv檔案置入到時間軸，按下 Ctrl + Shift + Q 新增軌道後，從[Media Generators]標籤中將[Noise Texture]的 [Starry Sky]Preset置入到影像軌道上方的軌道。

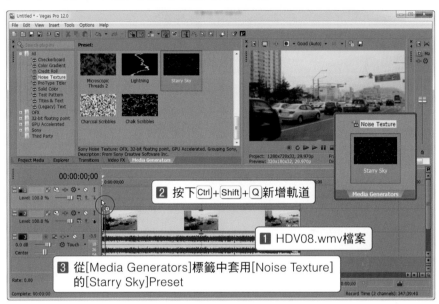

2 按下 Ctrl + Shift + Q 新增軌道

1 HDV08.wmv檔案

3 從[Media Generators]標籤中套用[Noise Texture] 的[Starry Sky]Preset

2 顯示設定視窗後，輸入[Frequency]的X: 30、Y: 0.010。如此一來，點狀 物變成激烈下雨的形狀。

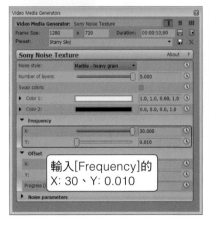

輸入[Frequency]的 X: 30、Y: 0.010

變成下雨的模樣

3 在[Color 1]的色彩選擇視窗中點選畫面的右上角,選擇白色。將[Color 2]的透明度調整桿下拉到最下方,刪除背景色。如此一來,為了要和影像畫面所呈現的影像合成好,稍微下拉[Color 1]的透明度調整桿來調節大雨的透明度。

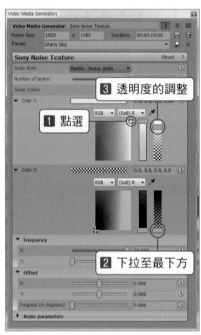

4 輸入[Offset]的X: 5.0、Y: 5.0,按下[Progress(in degrees)]的Animate()按鈕,使時間軸視窗發生作用,點選時間軸的末端,輸入X: 5.0、Y: 5.0、Progress(in degrees): 260後關閉視窗。

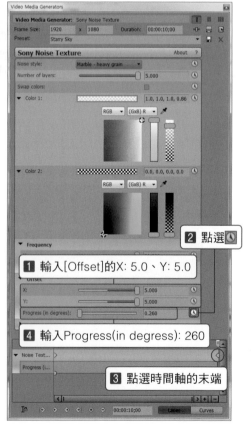

Note 色彩的選擇視窗和Offset的附屬設定項目,只要按下▶的話,就會顯示出該項目。

5 點選影像的音軌清單並按下鍵盤上的 Del 鍵，就會刪除軌道。

6 點選 [Explorer] 標籤，從 [4 Effects] 檔案夾中將下雨效果音的 Rain Sound. wma 檔案置入到視訊檔案的下方。

7 經過播放與確認後，下雨的效果與音效超吻合的，如同感受到實際下雨般的影像。

結果檔案：[6 Complete Video]/Vegas Pro 12-FIN09.wmv
　　　　　[5 Project]/Vegas Pro 12-10.veg

10.2 製作下雪的效果

1 建立從新專案，從[1 Video]資料夾中將HDV09.wmv檔案置入到時間軸，然後按下 Ctrl + Shift + Q 在影像軌道的上方新增軌道，再從[Media Generators]標籤中將[Noise Texture]的[Soft Clouds]Preset置入到該軌道。

2 顯示設定視窗後，點選[Frequency]的▶，然後輸入X: 30、Y: 30。接著，點選[Noise parameter]的▶，輸入Min: 0.150、Max: 0.410。

3 點選[Color 1]的▶後,點選色彩選擇視窗的右上角,套用白色;點選
[Color2]的▶後,將透明度的調整桿下拉至最下方,去除水藍色的背景色。

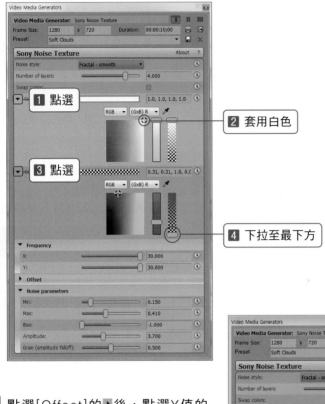

4 點選[Offset]的▶後,點選Y值的
Animate(⊙),在出現的時間軸視
窗中點選時間軸的末端,或是點選
Last Keyframe(◈)鈕,使編輯線移
動到最後,然後輸入Y: -0.020,關
閉視窗。

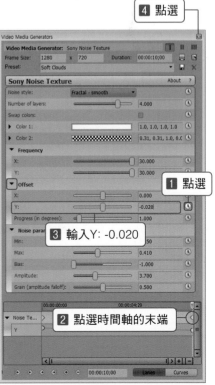

5 按下 Ctrl + Shift + Q 新增軌道，然後在第2軌道的Soft Clouds檔案上按下滑鼠右鍵，選擇[Copy]。接著，點選第1軌道，按下 Ctrl + V 貼上。

6 然後點選第1軌道檔案的Generated Media(🎞)按鈕。

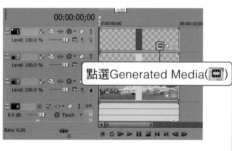

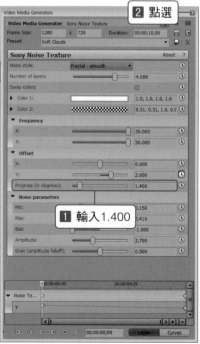

7 顯示設定視窗後，輸入Progress(in degrees): 1.400，關閉視窗。

8 檢視最終的結果，可以看見下雪的效果。

結果檔案：[6 Complete Video]/Vegas Pro12-FIN10.wmv
　　　　　　[5 Project]/Vegas Pro 12-11.veg

⑪ 合成油墨素材

在電視連續劇的片頭或成長影片中，經常可以看到有這種伴隨著油墨擴散來顯現其他影像的效果。接著，我們就來了解一下像這樣的效果表現該如何進行。

1 首先建立一個新專案，然後按下 Ctrl + Shift + Q 新增3個軌道。在第1軌道中置入[1 Video]資料夾中的ink.wmv檔案，並將音軌刪除。然後第2軌道置入IMG_06.jpg檔案，第3軌道置入IMG_12.jpg檔案。

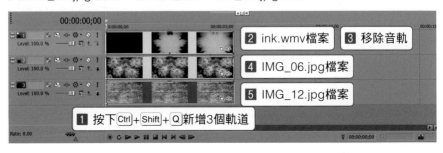

2 在第1軌道的油墨素材上按下滑鼠右鍵，然後選擇[Switches]-[Loop]。

2 選擇[Switches]-[Loop]

1 按下滑鼠右鍵

Note Loop功能

Loop功能是可以在一個影像的結束部分上增加影像的長度，讓相同的影像重複出現。如果解除Loop功能的話，即使增加檔案的長度，影像的結束部分也不會再重複影像。

3 點選第1軌道油墨素材的Compositing Mode(📷)後選擇[Multiply(Mask)]。

1 點選Compositing Mode(📷)

2 選擇[Multiply(Mask)]

4 點選第2軌道的Make Compositing Child(⬇)鈕，和第1軌道建立子母軌關係。

點選Make Compositing Child(⬇)鈕

5 然後從[Video FX]標籤中將[Mask Generator]的[(Default)]Preset套用在第1軌道上。

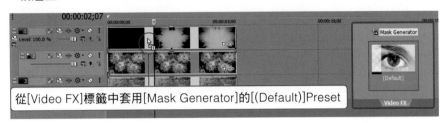

從[Video FX]標籤中套用[Mask Generator]的[(Default)]Preset

6 顯示設定視窗後，在預覽畫面上點選第2軌道影像出現部分的時間軸，使編輯線移動至此後，調整Low in和High in部分，一邊檢視預覽畫面一邊調節第2軌道的影像，直到看起來鮮明，才關閉視窗。

2 點選

1 輸入Low in：0.230、High in：0.690

[套用Default預設效果]　　　　[調整Low in、High in值後]

7 接著，一旦進行播放確認，起初會看到第3軌道的影像，但伴隨著油墨擴散開來，可以看到第2軌道的影像自然顯現的效果。

結果檔案：[6 Complete Video]/Vegas Pro12-FIN11.wmv
　　　　　[5 Project]/Vegas Pro 12-12.veg

■ 同時顯示多個油墨擴散效果

接著來了解一下同時顯示多個油墨擴散效果的方法。

1 點選第1軌道的Parent Motion(🖼)後，在出現的設定視窗中輸入Width: 300、X: -250、Y: -144，使油墨擴散效果移動到畫面左下方後，關閉視窗。

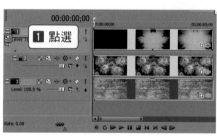 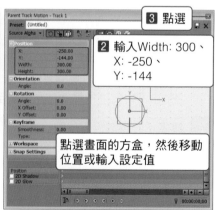

2 一旦畫面尺寸變小，影像的邊界就會不自然，因此點選第2軌道檔案的
Event Pan/Crop(🔲)，勾選[Mask]，然後在遮罩視窗中，如圖般套用遮
罩在檔案的矩形上。接著，選擇Feather type: Both，輸入Feather(%):
10%，關閉視窗。

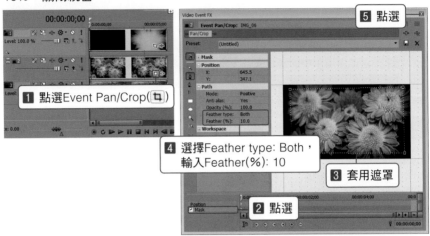

3 點選軌道清單的邊緣部分，將所有連結的軌道選取起來。然後在第1軌道上
按下滑鼠右鍵，選擇[Duplicate Track]後進行複製。

4 點選被複製的第1軌道之Parent Motion(🔳)，在出現的設定視窗中輸入X:
380，然後將油墨擴散效果移動到畫面右側，關閉視窗。

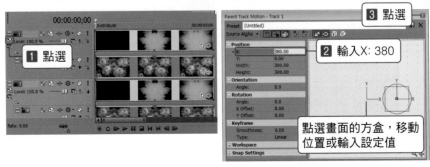

5 再次點選軌道清單的邊緣部分,把連結的軌道全部選取起來,然後在第1軌道上按下滑鼠右鍵,選擇[Duplicate Track]後進行複製。

6 點選被複製的第1軌道之Parent Motion(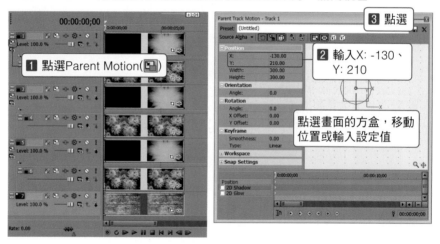),在出現的設定視窗中輸入X: -130、Y: 210,然後將油墨擴散效果移動到畫面上方,關閉視窗。

7 如此一來,畫面中就會做出3個油墨擴散效果。只要根據需要來複製軌道、點選Parent Motion(🖼),並調整好油墨擴散的位置,就可以看到想要的效果。

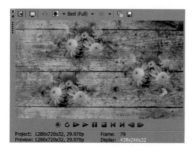

8 接著，從[Explore]標籤中將[2 Photo]資料夾的IMG_07.jpg檔案用滑鼠右鍵按住，並拖曳到第2軌道後放開。之後選擇[Add as Takes]，如此一來檔案就會被置換。

9 第4軌道的檔案也以相同方式交換檔案。

10 點選時間軸的01;00秒處，使編輯線移動至此，將第3和第4軌道的檔案向右拖曳，對齊編輯線移動；再次點選時間軸的02;00秒處後，同樣地將第5和第6軌道的檔案向右拖曳，對齊編輯線移動。

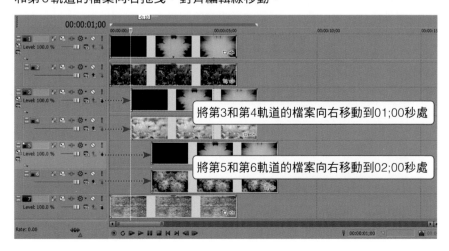

11 點選時間軸的08;04秒處，使編輯線移動至此。接著，將滑鼠指標移至軌道整體的檔案末端，當指標圖示變為 ⊞ 時，點選並向右拖曳，使其對齊第5、第6軌道檔案的長度。

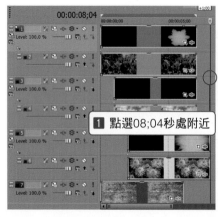
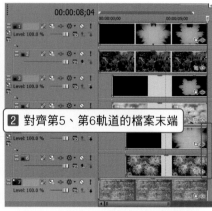

Note 檔案移動/檔案大小(長短)/淡入淡出處理時的滑鼠位置

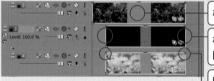

檔案移動：拖曳檔案的中央部分

檔案大小(長短)調整：拖曳檔案的前端/末端

Fade處理：拖曳檔案的前/後的上端

12 檢視最終的結果，會看到先是一個油墨素材出現，緊接著又出現另外一個油墨素材，最後會出現3個油墨素材的效果。

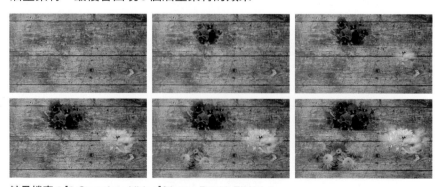

結果檔案：[6 Complete Video]/Vegas Pro12-FIN11-1.wmv
　　　　　[5 Project]/Vegas Pro 12-12-1.veg

⑫ 製作光線在照片或字幕上透過的效果

對片頭標題、字幕或圖片賦予透明效果時，經常會使用到的效果，現在就來製作光線穿透字幕或影像的效果吧！

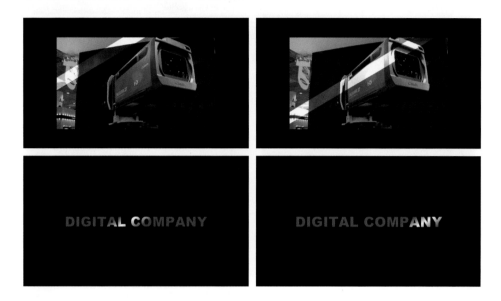

12.1 製作光線在照片上透過的效果

1 建立一個Width: 1280、Height: 720的新專案。按下 Ctrl + Shift + Q ，新增2個軌道後，從[2 Photo]資料夾中將IMG_14.jpg檔案置入到第2軌道，點選第2軌道的Track Motion(🖼)。接著，輸入Width: 900後關閉設定視窗。

2 從[Media Generators]標籤中將[Solid Color]的[White]Preset置入到第1軌道。

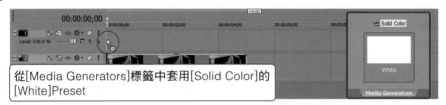

從[Media Generators]標籤中套用[Solid Color]的
[White]Preset

3 點選Solid Color檔案的Event Pan/Crop(🔲)後,勾選[Mask],然後在對角線方向以大約5mm寬度來套用遮罩,關閉視窗。

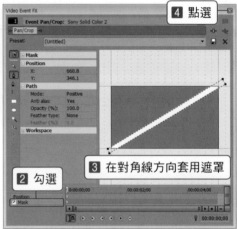

4 點選選

1 點選

2 勾選

3 在對角線方向套用遮罩

4 點選Mask上方的Position,在切換成Event Pan/Crop模式後,點選移動設定畫面位置的圖示(✛),變換成Move in X only(↔),將F畫面向右拖曳,使預覽畫面的Solid Color檔案位於畫面左上的照片檔案之後方。

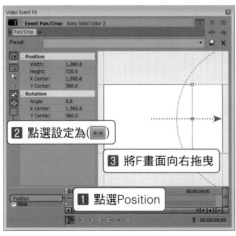

2 點選設定為(↔)

3 將F畫面向右拖曳

1 點選Position

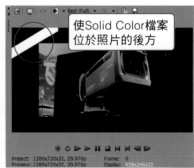

使Solid Color檔案
位於照片的後方

5 點選時間軸的01;00秒處，然後將F畫面向左拖曳，使預覽畫面的Solid Color檔案位於畫面右下照片檔案的後方，關閉視窗。

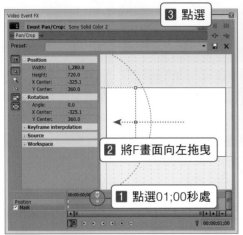
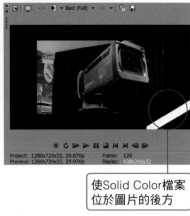

6 點選第1軌道的Compositing Mode(圖)，並選擇[Dodge]。

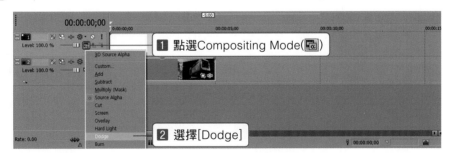

7 使滑鼠移至Solid Color檔案的上端，當圖示變為 時，將透明度的調整線對齊60%。

8 播放並檢視，可以看到光芒以對角線方向顯示再消失的效果。

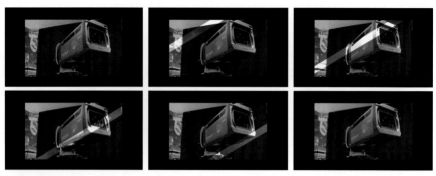

結果檔案：[6 Complete Video]/Vegas Pro12-FIN13.wmv
　　　　　[5 Project]/Vegas Pro 12-13.veg

12.2 不使用Solid Color而改用Color Gradient來製作光芒

前面處理是使用Solid Color來製作光芒，而在此次的課程中，則是介紹使用Color Gradient來製作光芒的方法。

1 點選前面步驟中所套用的Solid Color檔案，在選取後按下Del鍵進行刪除。然後從[Media Generators]標籤中將[Color Gradient]的[Liner Red, Green and Blue]Preset套用在第1軌道。

2 顯示設定視窗後，點選Point號碼①，然後將透明度的調整桿下拉到最下方，接著再點選Point號碼③，以相同方法將透明度的調整桿下拉到最下方。

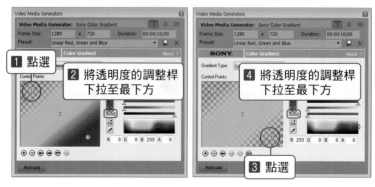

3 點選 Point 號碼②後，將色彩選擇視窗向上拖曳，套用白色。然後拖曳 Point 號碼①、③往 Point 號碼②靠近來調整光芒的尺寸。接著輸入 Aspect Ratio Angle: 45 後關閉視窗。

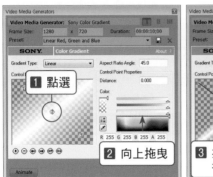
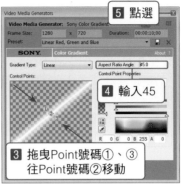

4 為了移動光芒，如同 Solid Color 色彩方式那樣點選 Event Pan/Crop 來建立動作。

5 檢視最終的結果，可看到透過有別於使用 Solid Color 方法的樣式來達到光芒通過的效果。

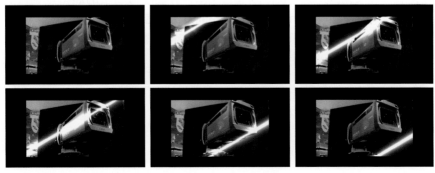

結果檔案：[6 Complete Video]/Vegas Pro12-FIN13-1.wmv
　　　　　[5 Project]/Vegas Pro 12-13-1.veg

12.3 套用光線透過標題字幕的效果

1 建立新專案，按下 Ctrl + Shift + Q 新增3個軌道後，從[Media Generators] 標籤中將[(Legacy) Text]的[Default Text]Preset置入到第3軌道。

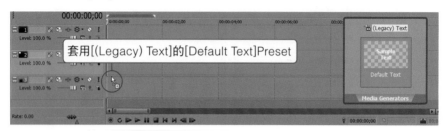

2 在字幕輸入視窗中輸入字幕（例：DIGITAL COMPANY），設定字體的種類 和尺寸後，點選[Properties]標籤，選擇字幕的色彩後關閉視窗。

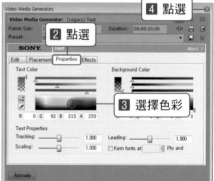

3 再次從[Media Generators]標籤中將[(Legacy)Text]的[Default Text]Preset 置入到第1軌道。

4 顯示設定視窗後，設定與套用在第3軌道上的標題字幕相同之標題文字，以及字體的種類和尺寸，關閉視窗。

5 從[Media Generators]標籤中將[Color Gradient]的[Linear Red, Green and Blue]Preset置入到第2軌道。

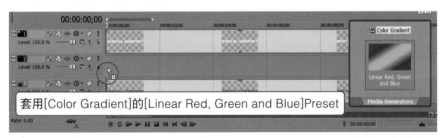

套用[Color Gradient]的[Linear Red, Green and Blue]Preset

6 顯示設定視窗後，點選Point號碼①後，將透明度的色彩調整桿下拉至最下方，接著點選Point號碼③，然後以相同方法將透明度的調整桿下拉至最下方。

7 點選 Point 號碼②後，點選色彩選擇視窗並拖曳指標至上方，套用白色。然後，拖曳 Point 號碼①、③往 Point 號碼②靠近來調整光芒的大小。之後，輸入 Aspect Ratio Angle: 45，關閉視窗。

8 點選第 2 軌道的 [Linear Red, Green and Blue]Preset 檔案的 Event Pan/Crop(⬚)。

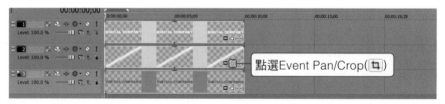

9 點選 F 畫面並向右拖曳，將預覽畫面的光芒效果配置在畫面的左上方、標題字幕的後方。

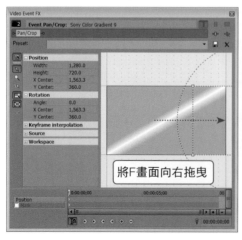

10 點選時間軸的01;00秒處,然後將F畫面向左拖曳,將預覽畫面的光芒效果配置在畫面的右下方、標題字幕的後方,關閉視窗。

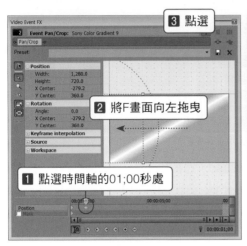

11 之後,點選第1軌道的Compositing Mode(),選擇[Dodge]。

12 按下第2和第3軌道的Make Compositing Child(），讓它們和第1軌道建立子母軌關係的連結。

13 分別點選第1軌道的Parent Compositing Mode()和第2、第3軌道的
Compositing Mode(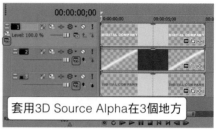)，並選擇[3D Source Alpha]來套用3D模式。

14 點選第1軌道的Parent Motion()，然後輸入Z: 500。

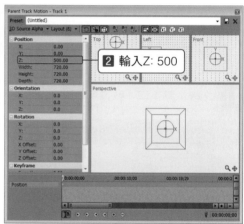

15 點選時間軸的03;00秒處，輸入Z: 100後關閉視窗。

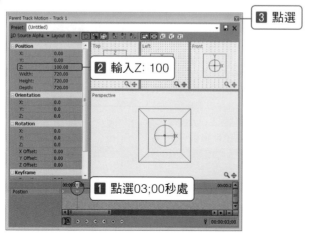

16 播放並檢視最終的結果，Zoom in 後在畫面右側可看見光芒通過的效果。

結果檔案：[6 Complete Video]/Vegas Pro12-FIN13-2.wmv
　　　　　[5 Project]/Vegas Pro 12-13-2.veg

⑬ 製作照片或影像連續流動效果

要讓拍攝的照片或影像以洗鍊的風格來呈現，試著研究以更好的技法來做
出循環流動的效果。

1 　點選上方選單的[File]-[New]，設定成Width: 1280、Height: 720、Pixel aspect: 1.000(Square)，建立專案。接著，從[2 Photo]資料夾中將IMG_15. jpg檔案置入時間軸之後，點選Event Pan/Crop(🔲)。

2 　在Event Pan/Crop視窗中，輸入Width: 2000，將畫面尺寸縮小後，將F畫面向左拖曳和照片的邊界線對齊。接著，點選時間軸的末端後，再將F畫面向右拖曳和照片的邊界線對齊，關閉視窗。

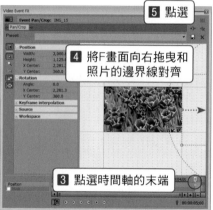

3 　按下 Ctrl + Shift + Q 新增軌道，置入[2 Photo]資料夾的IMG_16.jpg檔案，然後點選第2軌道，按下 Ctrl + C 複製檔案的屬性後，在第1軌道檔案中按下滑鼠右鍵，選擇[Paste Event Attributes]來貼上屬性。

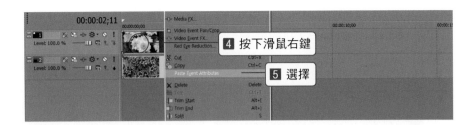

4 將第1軌道的檔案向右移動到02;05秒處。如此一來,和第1軌道檔案的間隔就會變大,再次向前滑動,則間隔會變小。利用這個可以根據需求來設定間隔。

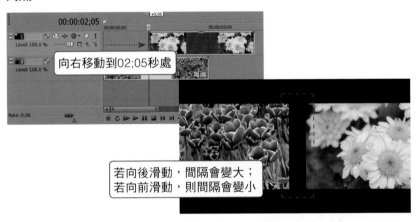

5 利用和第3、4步驟的過程相同的方法,按下Ctrl+Shift+Q新增軌道後,從[2 Photo]資料夾中讀入IMG_17~IMG_19.jpg檔案進來,點選第2軌道的檔案,按下Ctrl+C複製其檔案屬性後,在取得的檔案上按下滑鼠右鍵,選擇[Paste Event Attributes]貼上檔案屬性。然後重複同樣的程序,以固定的間隔來移動檔案進行配置。

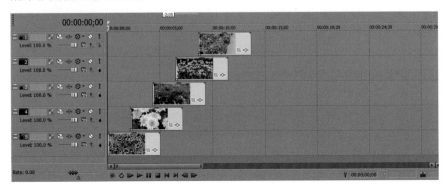

6 從[2 Photo]資料夾將作為背景使用的IMG_21.jpg檔案置入到第5軌道下方的時間軸,然後向右拖曳檔案的末端( ),對齊第1軌道的檔案末端。

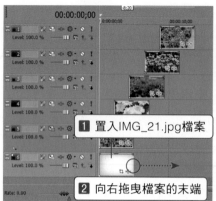

1 置入IMG_21.jpg檔案

2 向右拖曳檔案的末端

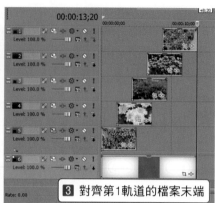

3 對齊第1軌道的檔案末端

7 逐一點選第1~第5軌道的Track Motion( ),勾選[2D Shadow]後關閉視窗。如此一來,可以看到軌道的檔案被套用陰影並以洗鍊的風格來呈現。

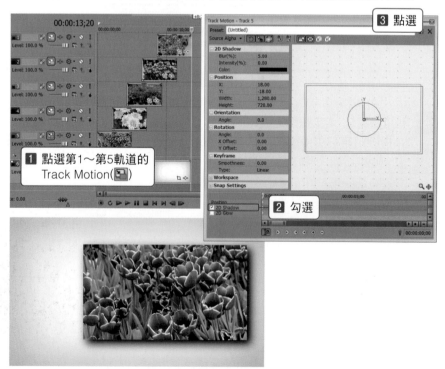

1 點選第1~第5軌道的
Track Motion( )

3 點選

2 勾選

[確認套用2D Shadow陰影]

8 播放並檢視最終的結果，就能夠確認出照片是一邊從右側往左側移動一邊顯示的效果。例子中所使用的雖然只有5張圖片，但可以依照需要來增加照片，透過按下 Ctrl + C 來複製檔案的屬性，並利用 [Paste Event Attributes] 對被增加的照片貼上屬性，反覆此一過程，即可建立必要數量的照片效果。

結果檔案：[6 Complete Video]/Vegas Pro12-FIN14.wmv
　　　　　[5 Project]/Vegas Pro 12-14.veg

■ 影像快速流動的場合

在點選最初檔案的Event Pan/Crop、建立從右側往左側移動的動作時，最好先拖曳檔案的末端( )，使其稍微增長後，再點選Event Pan/Crop來套用動作，並確認是否可以目標速度來呈現照片。

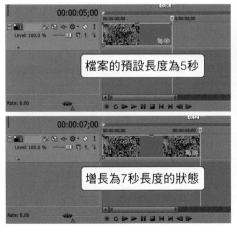

⑭ 建立描繪環狀彩虹的效果

使用在成長影片上會具有良好的效果，試著在照片的周圍建立有著以數種色彩所描繪出來的圓圈效果。

1 先 以Width: 1280、Height: 720、Pixel aspect: 1.000(Square)的 設 定 來建立專案。然後從[2 Photo]資料夾中將IMG_22.jpg檔案置入到時間軸後，接著從[Video FX]標籤中將[Cookie Cutter]的[Square, Center, White Border]Preset套用在檔案上。

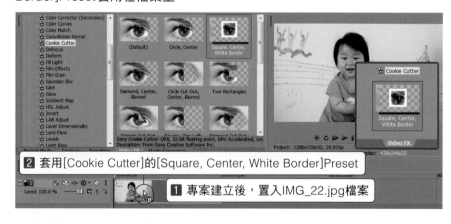

2 套用[Cookie Cutter]的[Square, Center, White Border]Preset

1 專案建立後，置入IMG_22.jpg檔案

2 顯示設定視窗後，選擇Shape: Circle，並且輸入Border: 0.025、Size: 0.200後，關閉視窗。

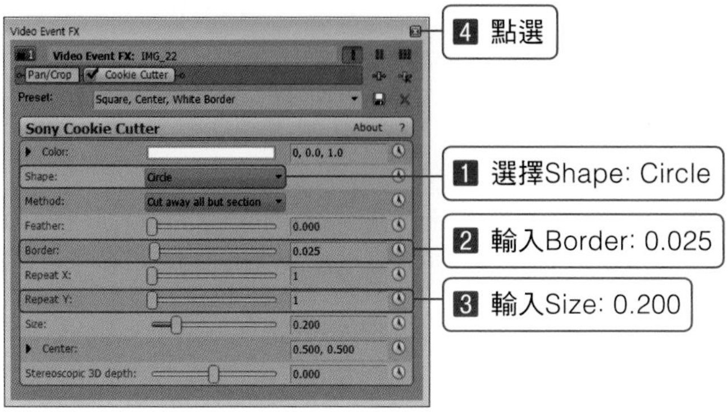

3 點選Track Motion(▣)，並且點選時間軸的10秒處，輸入Width: 850後關閉視窗。

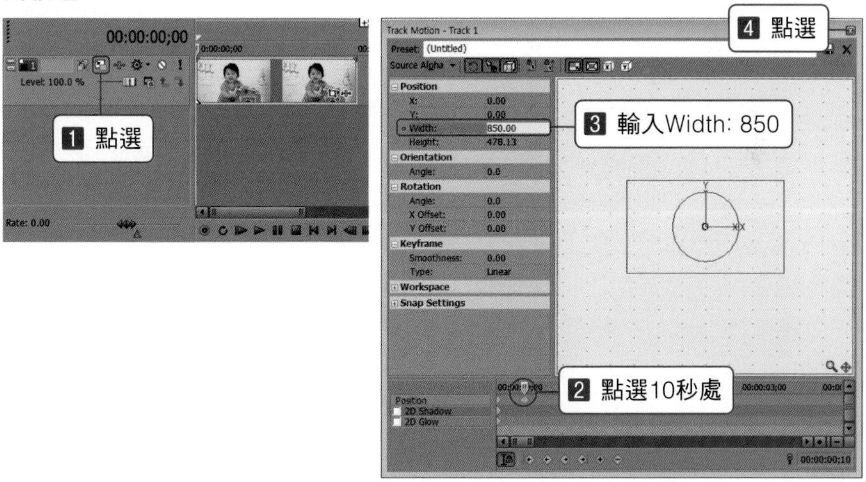

4 按下Ctrl+Shift+Q新增軌道後，在第1軌道上按下滑鼠右鍵，選擇[Insert Empty Event]。

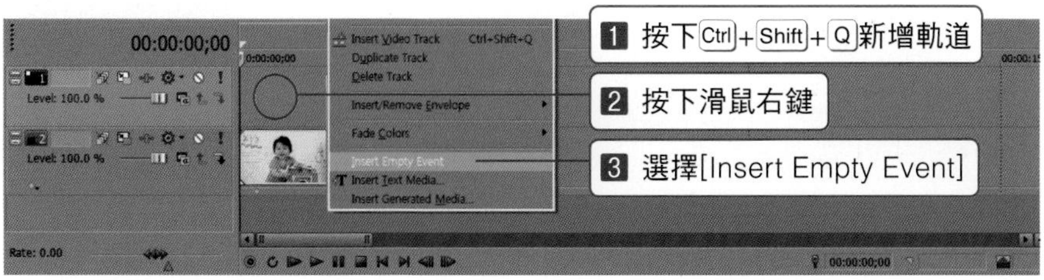

5 從[Video FX]標籤中將[Cookie Cutter]的[Square, Center, White Border]
Preset套用在檔案上。

套用[Cookie Cutter]的[Square, Center, White Border]Preset

6 顯示設定視窗後，輸入[Color]: 278, 0.76, 1.0設定顏色，接著選擇Shape:
Circle，輸入Border: 0.120、Size: 0.180，關閉視窗。

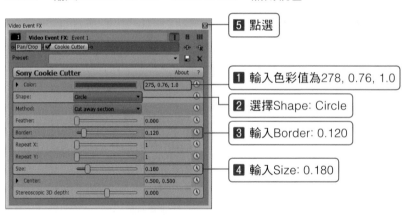

5 點選

1 輸入色彩值為278, 0.76, 1.0

2 選擇Shape: Circle

3 輸入Border: 0.120

4 輸入Size: 0.180

7 在第1軌道清單上按下滑鼠右鍵，選擇[Duplicate Track]來複製軌道。

1 按下滑鼠右鍵

2 選擇[Duplicate Track]

8 點選第1軌道檔案的Event FX()，接著輸入[Color]: 235, 0.76, 1.0設定顏色，輸入Size: 0.220後關閉視窗。

9 重複在第1軌道清單上按下滑鼠右鍵，選擇[Duplicate Track]複製軌道。其後點選被複製的第1軌道檔案的Event FX()，輸入[Color]: 198, 0.9, 1.0，輸入Size: 0.270後關閉視窗。

10 重複在第1軌道清單上按下滑鼠右鍵，選擇[Duplicate Track]複製軌道，點選被複製的第1軌道檔案的Event FX()，輸入[Color]: 104, 0.71, 1.0，輸入Border: 0.210、Size: 0.350後關閉視窗。

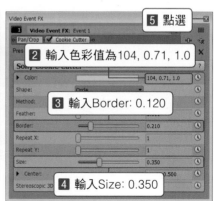

11 再次在第1軌道清單上按下滑鼠右鍵,選擇[Duplicate Track]複製軌道。點選被複製的第1軌道檔案的Event FX(),輸入[Color]: 61, 0.9, 1.0,輸入 Size: 0.430後關閉視窗。如此一來,就建立出5個色環了。

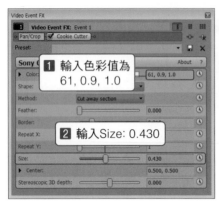

12 按著 Ctrl 鍵並從第1軌道檔案到第5軌道檔案逐一點選,將整體選取後,從[Video FX]標籤中將[Soft Contrast]的[Soft Moderate Contrast]Preset拖曳並套用在所有選取的檔案上,關閉因套用而開啟的設定視窗。

13 如此一來,套用了陰影效果的平面圓環,就會變得更具有立體感的效果。

14 點選第5軌道的檔案後向右側滑移，使其移動到00;10秒處，然後將滑鼠置於檔案前端的上方，其形狀會變為⏚圖形，然後向右拖曳並觀看Fade時間顯示，套用淡入效果直到00;20秒為止。

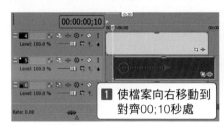

> **1** 使檔案向右移動到對齊00;10秒處

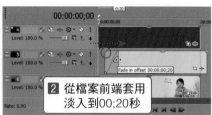

> **2** 從檔案前端套用淡入到00;20秒

15 將第4軌道的檔案向右側移動，使其對齊第5軌道檔案的淡入結尾處。接著，將滑鼠置於檔案前端的上方，待圖示變為⏚後，向右側拖曳，觀看Fade的時間顯示，套用至00;20秒為止。

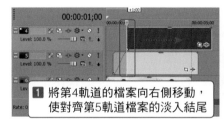

> **1** 將第4軌道的檔案向右側移動，使對齊第5軌道檔案的淡入結尾

> **2** 套用00;20秒的淡入效果

16 其他軌道的檔案也反覆上述的程序，移動對齊下一軌道檔案的淡入結尾，並反覆套用00;20秒淡入效果的程序，建立如下圖般的檔案配置。

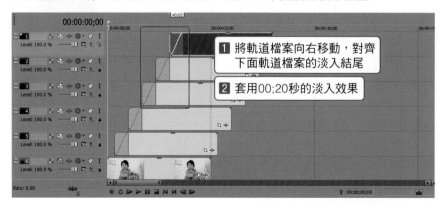

> **1** 將軌道檔案向右移動，對齊下面軌道檔案的淡入結尾
>
> **2** 套用00;20秒的淡入效果

17 對所有的檔案都從[Transitions]標籤中將[Clock Wipe]的[Clockwise, Hard Edge]Preset拖曳套用在已套用淡入的部分。

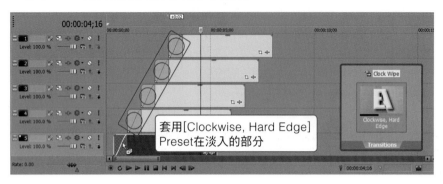

套用[Clockwise, Hard Edge] Preset在淡入的部分

18 從[Media Generators]標籤中將[Color Gradient]的[Sunburst]Preset拖曳到第6軌道的下方。

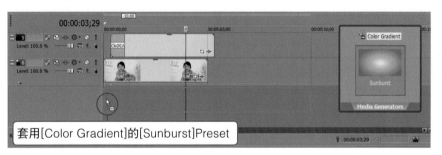

套用[Color Gradient]的[Sunburst]Preset

19 點選Point號碼①後輸入B: 255，接著點選Point號碼②，使其移動到下方的角落後輸入R: 155、G: 155、B: 155，關閉視窗。

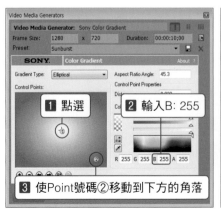

1 點選　　**2** 輸入B: 255

3 使Point號碼②移動到下方的角落

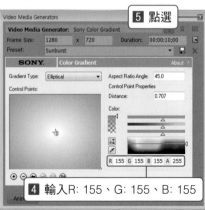

5 點選

4 輸入R: 155、G: 155、B: 155

20 播放並檢視最終的成果，可以看見5個不同的色環沿著照片的周圍描繪顯現的效果。

結果檔案：[6 Complete Video]/Vegas Pro12-FIN15.wmv
[5 Project]/Vegas Pro 12-15.veg

⑮ 製作鏡頭光暈轉場效果

在電視播放的畫面中，可以輕易地看到這種鏡頭光暈橫切畫面，並在閃爍的同時轉換到另一個場景的效果。以下將介紹如何製作這樣的效果。

1 先從[2 Photo] 資料夾中將IMG_23.jpg檔案置入到時間軸，然後點選檔案的Event Pan/Crop(⬚)。

2 在顯示的視窗中按住 Shift 鍵的同時，將F畫面的一角向畫面的中央拖曳一下。然後，將F畫面向左拖曳直到照片的邊緣部分。接著，點選時間軸的末端，再將F畫面向右拖曳直到照片的邊緣部分，關閉視窗。

3 如同與最初載入的檔案重疊般，將[2 Photo]資料夾中的IMG_24.jpg檔案置入到時間軸，點選Event Pan/Crop。

4 在出現的視窗中按住 Shift 鍵的同時，將F畫面的一角向畫面的中央拖曳一下。然後，將F畫面向右拖曳直到照片的邊緣部分。接著，點選時間軸的末端，再將F畫面向左拖曳直到照片的邊緣部分，關閉視窗。

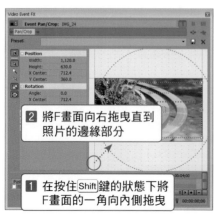

5 從[Transitions]標籤中將[Flash]的[(Default)]Preset套用在檔案重疊的淡入淡出區間，關閉顯示的設定視窗。

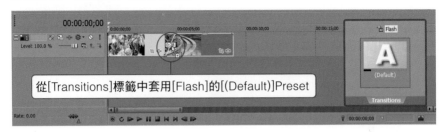

從[Transitions]標籤中套用[Flash]的[(Default)]Preset

6 按下 Ctrl + Shift + Q 新增軌道後，從[Media Generators]標籤中將[Solid Color]的[Black]Preset置入到時間軸，並且關閉設定視窗。

從[Media Generators]標籤中套用[Solid Color]的[Black]Preset

7 接著，從[Video FX]標籤中將[Lens Flare]的[105mm Prime Lens]Preset套用在Solid Color檔案。

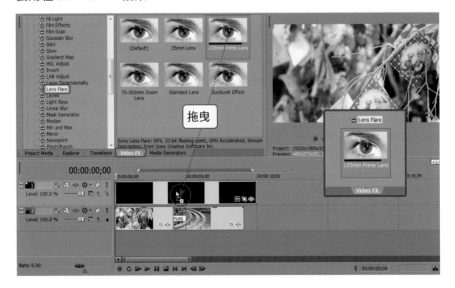

8 在出現的設定視窗中輸入Intensity: 2.0、Perspective: -0.070，接著點選 Light Position(▶)來開啟位置的設定畫面，將位置點移動至右上角。

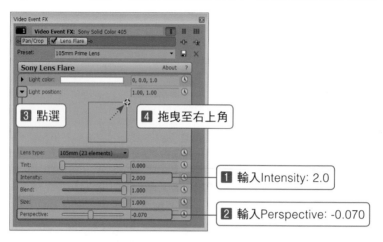

9 點選[Light position]的Animate(◎)，顯示時間軸視窗後點選時間軸的04;29 秒處，然後將[Light position]的位置調整點移動至左下角，關閉視窗。

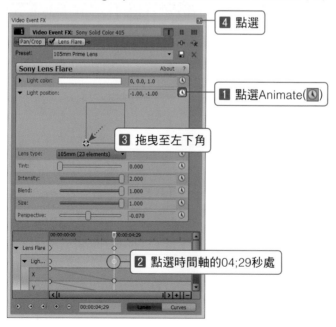

10 點選第1軌道的Compositing Mode(⬛),選擇[Screen]。如此一來,黑畫面的鏡頭光暈效果就會在照片上顯現。

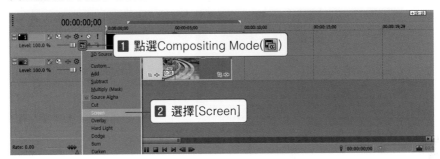

11 在播放時,點選鏡頭光暈在畫面中形成重疊部分的時間軸02;12秒處,使編輯線移動至此後,將後方的檔案拖曳移動到編輯線為止。

預覽畫面上鏡頭光暈效果重疊的部分

12 將滑鼠放置在淡入淡出的末端,其圖示會改變為⊕,向左拖曳直到淡入淡出區間變成00;22秒為止。

 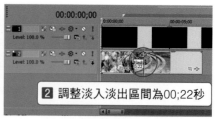

13 點選時間軸的03;25秒處,使編輯線移動至此,接著將滑鼠移動到第1軌道的檔案末端,一旦圖示變為⊟,向左拖曳直到編輯線的位置。然後對齊次軌淡入淡出的末端,套用淡出效果。

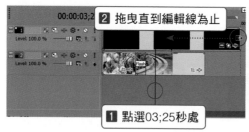 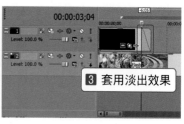

14 檢視最終的結果,可看到橫切畫面的鏡頭光暈效果出現,並隨著閃爍效果轉換到另一個場景。

結果檔案:[6 Complete Video]/Vegas Pro12-FIN16.wmv
　　　　　[5 Project]/Vegas Pro 12-16.veg

⑯ 電視畫面的影像合成

以下將介紹彷彿從實際電視播放出來那樣在電視或螢幕等畫面上進行影像合成的方法。

1 建立新專案後按下 Ctrl + Shift + Q 新增2個軌道。從 [2 Photo] 資料夾中將TV.jpg 檔案置入到第1軌道，再從 [1 Video] 資料夾中將 HDV10.wmv 檔案置入到第2軌道。接著，點選第1軌道的電視畫面檔案之 Event Pan/Crop(囗)。

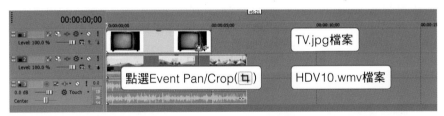

2 顯示 Event Pan/Crop 視窗後，勾選 [Mask] 並點選 Pen Tool(🖊)，沿著電視映像管一邊點選一邊描繪遮罩線，最後重新點選一開始的遮罩點，即完成遮罩的製作。

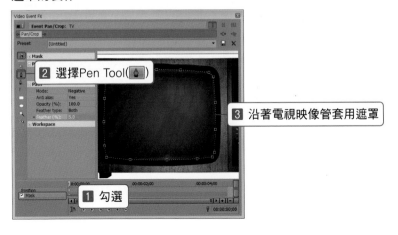

3 接著，選擇Mode: Negative，如此可以在映像管的畫面中看到次軌的影像。為了順利處理遮罩線，選擇Feather type: Both，並輸入Feather(%): 5.0後關閉視窗。

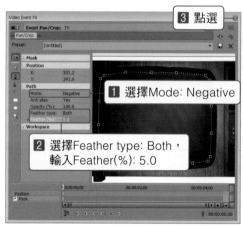

4 點選第2軌道的Track Motion(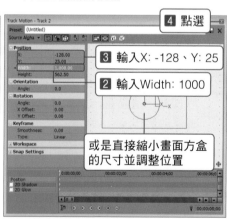)，然後點選畫面的方盒，縮小畫面並調整到可以在電視畫面中清楚顯示的位置，或是輸入[Position]的Width: 1000來縮小影像畫面，輸入X: -128、Y: 25來定位後關閉視窗。

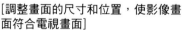

[調整畫面的尺寸和位置，使影像畫面符合電視畫面]

5 為了在電視畫面上賦予切換頻道的效果,先點選時間軸的03;05秒處,然後將影像檔案的末端(🖟→)向左拖曳直到編輯線為止。接著,從[Video FX]標籤中將[TV Simulator]的[TV Look]Preset套用在第2軌道的視訊檔案。

6 顯示設定視窗後,點選Animate(Animate)按鈕,顯示出時間軸視窗,接著點選時間軸的02;25秒處,使編輯線移動至此後點選Create Keyframe(◆)按鈕。

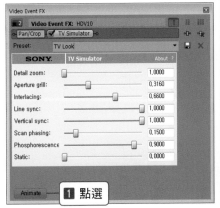

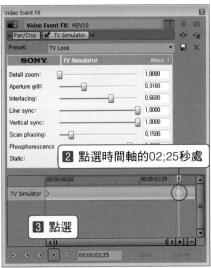

Note **移動時間軸的編輯線**

當難以點選時間軸的正確位置時,只要在時間軸的時間輸入窗格中輸入時間後按下Enter鍵,就可以輕易地移動到目標的位置上。

7 點選時間軸的03;00秒處，使編輯線移動至此後，輸入各項目的設定值。

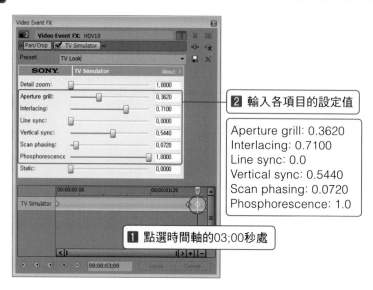

② 輸入各項目的設定值

Aperture grill: 0.3620
Interlacing: 0.7100
Line sync: 0.0
Vertical sync: 0.5440
Scan phasing: 0.0720
Phosphorescence: 1.0

① 點選時間軸的03;00秒處

8 再次點選時間軸的末端，輸入各項目的設定值後關閉視窗。

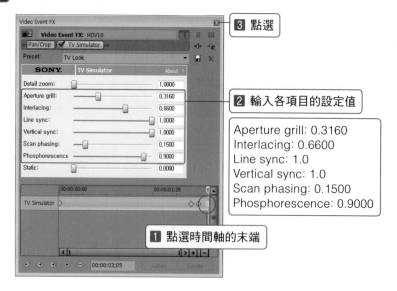

③ 點選

② 輸入各項目的設定值

Aperture grill: 0.3160
Interlacing: 0.6600
Line sync: 1.0
Vertical sync: 1.0
Scan phasing: 0.1500
Phosphorescence: 0.9000

① 點選時間軸的末端

影片效果TV Simulator

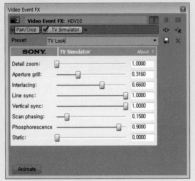

- Detail zoom：放大/縮小像素的點（沒有 Aperture grill數值的話，無法執行）。
- Aperture grill：調整像素的點之濃淡度。
- Interlacing：調整水平掃描線寬度。
- Line sync：使影像水平歪斜。
- Vertical sync：使影像垂直晃動。
- Scan phasing：將水平方向的發光線條向下調整。
- Phosphorescence：調整藍色的發光色。
- Static：調整無法接收天線的效果。

9 從[1 Video]資料夾中將HDV11.wmv檔案置入到第2軌道檔案的後方，然後從[Video FX]標籤中將[TV Simulator]的[TV Look]Preset套用在檔案。

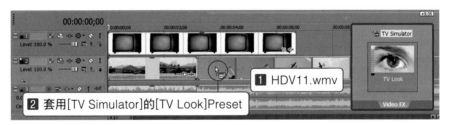

1 HDV11.wmv

2 套用[TV Simulator]的[TV Look]Preset

10 顯示設定視窗後點選Animate(Animate)按鈕，出現時間軸窗格並輸入各項目的設定值。

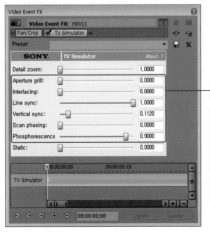

輸入各項目的設定值

Aperture grill: 0.0
Interlacing: 0.0
Line sync: 1.0
Vertical sync: 0.1120
Scan phasing: 0.0
Phosphorescence: 0.9000

11 點選時間軸的00;05秒處，參照下圖輸入各項目的設定值，再次點選00;15秒處，輸入對應的設定值，關閉視窗。

12 為了要在改變頻道的部分上賦予效果音，點選第3軌道的音軌後按下 Del 鍵刪除。接著，點選時間軸的02;24秒處之後，對齊編輯線，從[4 Effects]資料夾中將 TV Noise.wma 檔案置入到第2軌道的下方。

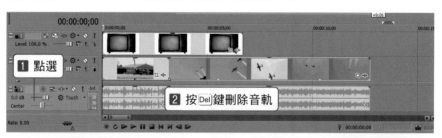

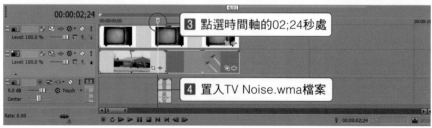

13 檢視最終的結果，可以看見出現在電視畫面上的影像好像頻率不對，畫面受到干擾後變換成其他畫面的效果。

結果檔案：[6 Complete Video]/Vegas Pro12-FIN17.wmv
　　　　　 [5 Project]/Vegas Pro 12-17.veg

Vegas Pro Technic Book

熟練文字標題特效

04

Lesson

設計影像時，看起來似乎很簡單，但其實相當費工費時的作業之一，就是設計字幕標題特效。在此將透過 Vegas，介紹從簡單的效果到進階效果為止的各種字幕效果呈現方法。

❶ 設計雷射光照射標題特效

在此將為大家介紹如何設計跟著標題字幕一起出現的強烈雷射光，在雷射光發射出來的同時，標題字幕一一登場的標題特效。

1 先點選上方選單裡的[File]-[New]，在顯示的視窗中設定Width: 1280、
Height: 720、Pixel aspect: 1.000(Square)，建立專案。

2 按下鍵盤Ctrl＋Shift＋Q，新增2個軌道，從[Media Generators]標籤中將
[(Legacy Text)]的[Defalut Text]Preset置入到第1軌道。

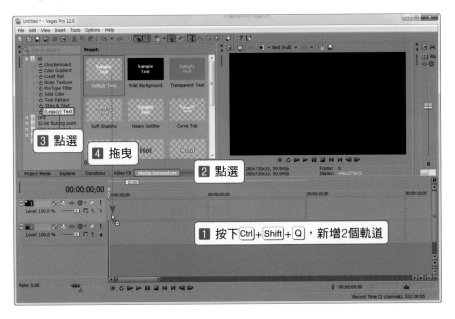

3 在字幕輸入視窗中輸入字幕，設定字體與尺寸。接著點選[Properties]標籤，輸入R: 255, G:255, B:0, A:255來套用色彩或選擇想要的字幕色彩後，關閉視窗。

4 點選字幕檔案的Event Pan/Crop(🔲)，接著點選時間軸的末端，輸入Width: 2000，套用Zoom Out的動作後，關閉視窗。

5 點選第1軌道的字幕檔案，按下Ctrl+C予以複製。接著點選第2軌道，按下Ctrl+V予以貼上。

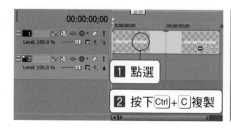
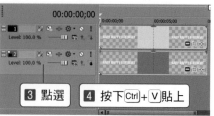

6 為了製作字幕，點選第2軌道字幕檔案的Generated Media()鈕。輸入比第1軌道的標題字幕之尺寸還小的數值。(例：第1軌道61，第2軌道60)。

7 然後，點選[Properties]標籤，輸入R: 255, G:206, B:40, A:255來套用陰影之字幕色彩。接著再點選[Placement]標籤，輸入X: 0.020，使字幕向右移動以呈現出陰影效果，最後關閉視窗。

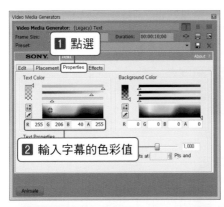

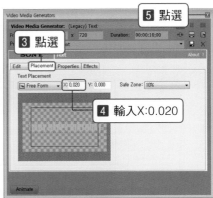

[套用陰影，呈現出立體感]

8 從[Video FX]標籤中將[Rays]的[Luminance]Preset套用在第1軌道的字幕檔案上。

9 顯示設定視窗後,點選 Animate 鈕,出現時間軸後,在下列各項目輸入設定值。

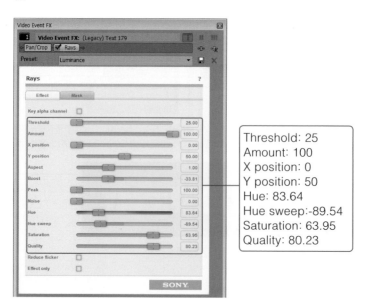

Threshold: 25
Amount: 100
X position: 0
Y position: 50
Hue: 83.64
Hue sweep:-89.54
Saturation: 63.95
Quality: 80.23

10 接著點選時間軸的01;04秒處，輸入 Amount: 70.03、X position: 100、Y position: 50.48。

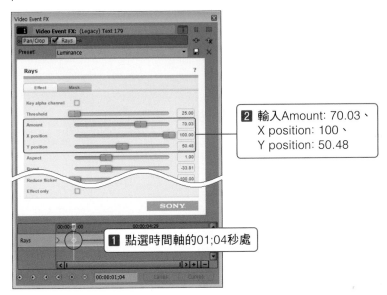

2 輸入Amount: 70.03、X position: 100、Y position: 50.48

1 點選時間軸的01;04秒處

11 點選時間軸的02;08秒處，在下列各項目輸入設定值；再次點選時間軸的02;13秒處，輸入 Threshold: 57.23、Aspect: 0.50、Boost: 1.36。

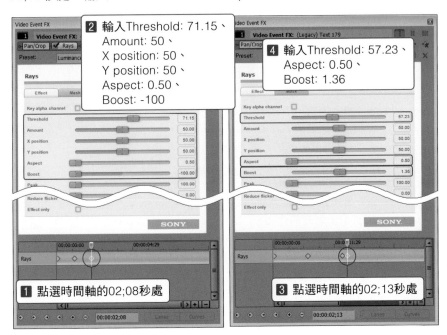

2 輸入Threshold: 71.15、Amount: 50、X position: 50、Y position: 50、Aspect: 0.50、Boost: -100

4 輸入Threshold: 57.23、Aspect: 0.50、Boost: 1.36

1 點選時間軸的02;08秒處

3 點選時間軸的02;13秒處

12 點選時間軸的02;21秒處，輸入Threshold: 100、Boost: -100後，關閉視窗。

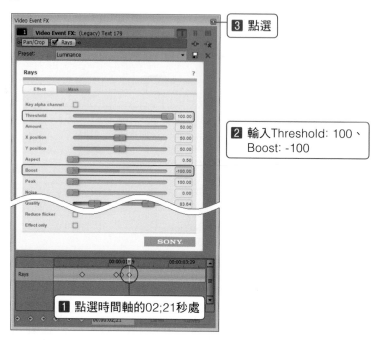

3 點選

2 輸入Threshold: 100、Boost: -100

1 點選時間軸的02;21秒處

Note 視訊特效 Rays

可以製作雷射光照射效果。

Key alpha channel：使用alpha channel的雷射。

Threshold：調整雷射光的範圍。

Amount：調整雷射光的長度。

X position：調整雷射光中心點的橫向位置。

Y position：調整雷射光中心點的縱向位置。

Aspect：調整雷射光的範圍。

Boost：調整雷射光的強度。

Peak：調整雷射光的峰值。

Noise：套用雷射光的雜訊(使雷射變得鮮明)。

Hue：套用雷射光的色相。

Hue sweep：套用與雷射光之色彩相反的色彩。

Saturation：調整雷射光的飽和度。

Quality：調整雷射光的品質。

Reduce Flicker：降低交錯閃爍。

Effect Only：僅顯示雷射光。

13 為了設計背景，從[Media Generators]標籤中將[Color Gradient]的 [Sunburst]Preset置入到至第2軌道下方的空間。

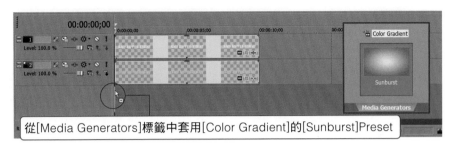

從[Media Generators]標籤中套用[Color Gradient]的[Sunburst]Preset

 上面步驟13的圖片使用的作業方式與前面步驟8一樣。因為操作方式不難，為了減少篇幅而只截取部分圖片。在Vegas裡所看到的畫面與書上的圖片即使不一樣，對操作步驟應該不會有所妨礙。

14 顯示設定視窗後，點選編號①處，輸入R: 13, G: 185, B: 255, A: 255，點選編號②處，使其移動到畫面角落後，將色彩的選擇部分下拉到下方，套用黑色後，關閉視窗。

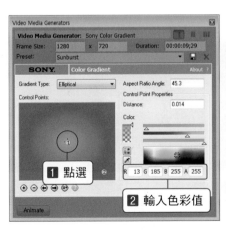

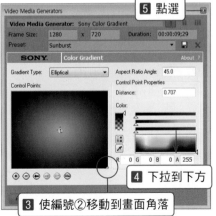

15 檢視最終的結果，可看見雷射光隨著字幕一起發射出來，同時登場的標題字幕效果。

結果檔案：[6 Complete Video]/Vegas Pro 12-FIN18.wmv
　　　　　[5 Project]/Vegas Pro 12-18.veg

❷ 設計 Noise Texture 標題特效

[Media Generators] 標籤中的 Noise Texture 是在設計樹木、石頭、雲等各種事物的材質時相當好用的特效。利用此特效來設計標題字幕，可展現出獨特的效果，是用途廣泛又好用的效果之一。

2.1 Noise Texture標題特效1

1 建立新專案，從[Media Generators] 標籤中將[(Legacy Text)]的[Defalut Text]Preset置入到第1軌道。

從[Media Generators]標籤中套用[(Legacy Text)]的[Default Text]Preset

2 出現設定視窗，輸入標題字幕（例：VEGAS EFFECT）後，設定字體與大小，關閉視窗。

3 點選

2 設定字體與大小

1 輸入標題字幕

3 點選Compositing Mode(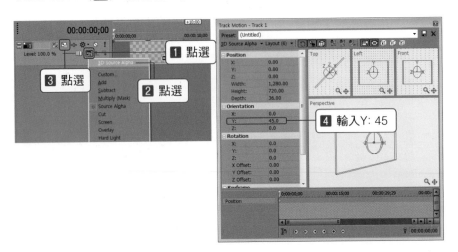)，選擇裡面的[3D Source Alpha]，再點選 Track Motion(圖)。接著輸入[Orientation]的Y: 45。

4 點選時間軸的05;00秒處，輸入[Orientation]的Y: -45。接著點選時間軸的 10;00秒處，輸入Y: 45，關閉視窗。

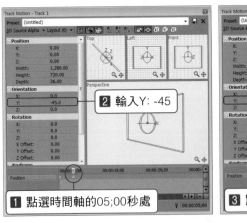

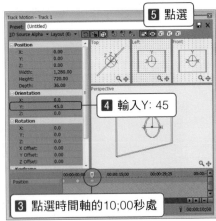

5 在軌道清單上按下滑鼠右鍵，選擇 [Duplicate Track]，複製軌道。

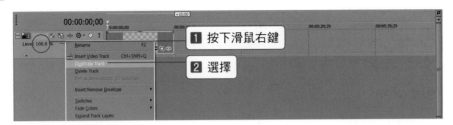

6 從 [Video FX] 標籤中將 [Gaussian Blur] 的 [Medium Blur]Preset 套用在第 2 軌道的檔案上。

7 出現設定視窗時，輸入 Horizontal range: 0.0110 後，關閉視窗。

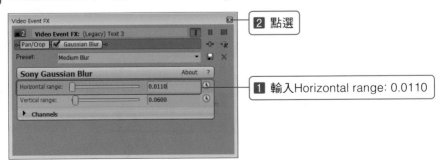

8 從[Video FX]標籤中將[Glow]的[(Default)]Preset套用在第2軌道的檔案上。

將[Glow]的[(Default)]Preset套用在第2軌道的檔案上

9 在設定視窗中，輸入Glow percent: 0.500、Intensity: 1.300。按下色彩選擇視窗，選擇想要的色彩後，關閉視窗。

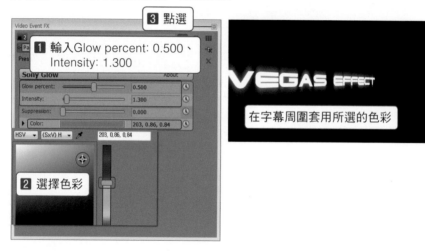

3 點選

1 輸入Glow percent: 0.500、Intensity: 1.300

2 選擇色彩

在字幕周圍套用所選的色彩

10 按下鍵盤 Ctrl + Shift + Q 新增軌道後，從[Media Generators]標籤中將[Noise Texture]的[Blood Cells]Preset置入到新增的第1軌道。

置入[Noise Texture]的[Blood Cells]Preset到新增的第1軌道

11 在顯示的設定視窗中點選 [Color 1] 的色彩選擇視窗，色彩模式選擇 HSL。接著點選 Offset(▶)，點選 Progress (In degrees) 的 Animate(🕐) 鈕，出現時間軸後，點選時間軸的末端，將 Progress (In degrees) 的滑桿滑移到右端。接著關閉視窗。

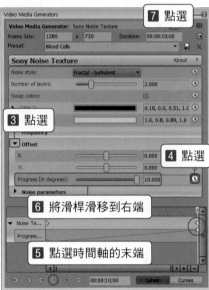

12 最後點選第 1 軌道的 Compositing Mode(🎬)，選擇 [Dodge]。

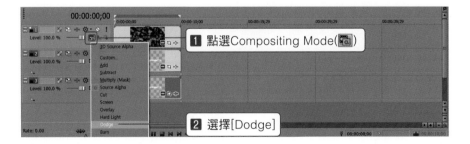

13 檢視最終的結果，可看到在字幕周圍套用了光線以不規則方式移動的Noise Texture效果之標題特效。

結果檔案：[6 Complete Video]/Vegas Pro 12-FIN19.wmv
　　　　　[5 Project]/Vegas Pro 12-19.veg

Note 調整 Noise Texture 範圍

點選第3軌道的標題字幕檔案之Event FX(📼)，在[Sony Glow]的Glow percent處輸入想要的值，調整Noise Texture範圍時，可呈現出不同的感覺及效果。

[套用0.500於Glow percent]　　　　　[套用0.050於Glow percent]

2.2　Noise Texture標題特效2

1　建立新專案，按下 Ctrl + Shift + Q 新增3個軌道，從[Media Generators]標籤中將[(Legacy Text)]的[Defalut Text] Preset置入到第1軌道；將[Noise Texture]的[Plasma]Preset置入到第2軌道；將[Color Gradient]的[Sunburst] Preset置入到第3軌道。

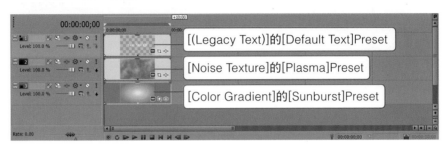

2　接著點選第2軌道套用[Plasma]Preset檔案的Generated Media(■)鈕。在出現的視窗中點選Offset(▶)後，點選Progress(In degrees)的Animate(◐)，出現時間軸後，點選時間軸的末端，將Progress(In degrees)的滑桿滑移到右端。接著關閉視窗。

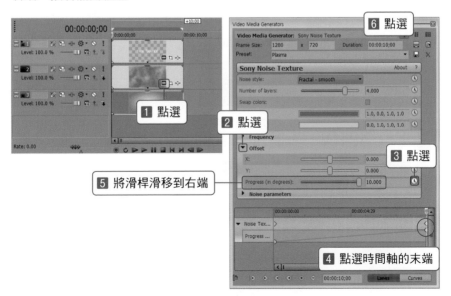

3 點選第2軌道的Compositing Mode(🖼)後，選擇[Bum]。接著點選第3軌道的Generated Media(🖼)。

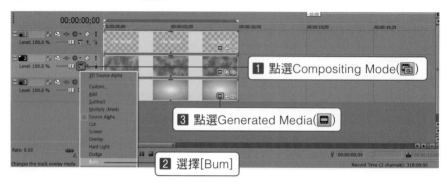

4 顯示設定視窗後，點選編號①處，將透明度的調整桿下拉到最下方，點選編號②處，移動到畫面角落後，關閉視窗。

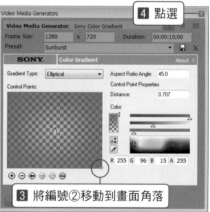

5 檢視最終的結果，可看見標題字幕的周圍套用了紅色迷霧的動態效果。

結果檔案：[6 Complete Video]/Vegas Pro 12-FIN20.wmv
　　　　　[5 Project]/Vegas Pro 12-20.veg

6 為了變更顯示為其他的特效，點選第2軌道套用[Plasma]Preset檔案的 Generated Media(🔲)鈕。在出現的設定視窗中點選Frequency(▶)後，將X的滑桿滑移到右端，接著關閉視窗。

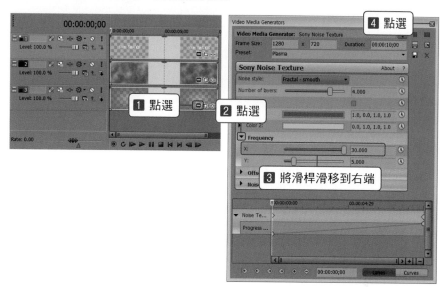

Note Vegas 11以前版本的使用者非得點選時間軸的起點與終點，將Frequency 的X值套用相同才行。

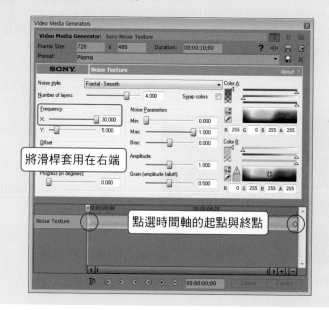

7 點選第3軌道檔案的 Generated Media(⊡)鈕。

8 出現設定視窗後,點選編號②處,將透明度的調整桿下拉到最下方,點選
編號①處,輸入R: 255, G: 68, B: 0, A: 255,關閉視窗。

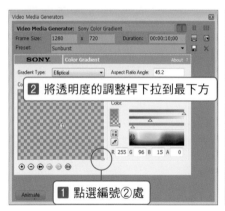
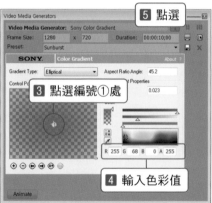

9 檢視最終的結果,可看到畫面中央出現套用炙熱的 Plasma 之字幕特效。

結果檔案:[6 Complete Video]/Vegas Pro 12-FIN20-1.wmv
　　　　　[5 Project]/Vegas Pro 12-20-1.veg

點選第3軌道檔案的Generated Media()鈕，點選編號①處，再選擇喜歡的色彩後，就可以變更Plasma效果的色彩。

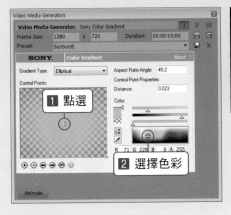

③ 製作3D文字標題

在Vegas裡，雖然無法製作如3D專業軟體裡設計的完整型態之3D文字，但也可以套用看起來像3D文字的特效，展現出具立體感的字幕效果。在此將為大家介紹設計方法。

1 建立新專案，按下 Ctrl + Shift + Q，新增2個軌道。從[Media Generators] 標籤中將[(Legacy Text)]的[Defalut Text]Preset置入到第2軌道，在顯示 設定視窗後，輸入要製作成3D文字的標題字幕(例：MAX SHOCK)後，關 閉視窗。

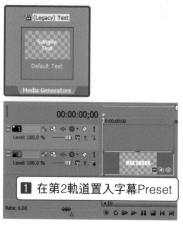

2 點選第2軌道的Make Compositing Child(⬇)，與第1軌道建立子母軌關 係。接著，再分別點選第1、第2軌道與軌道被包圍部分之所有Compositing Mode(🔲)，選擇[3D Source Alpha]，將所有軌道轉換成3D模式。

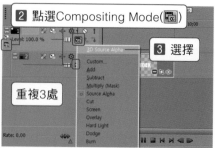

3 在第2軌道清單上按下滑鼠右鍵，選擇[Duplicate Track]，複製軌道。

4 點選被複製出來的第3軌道之Track Motion(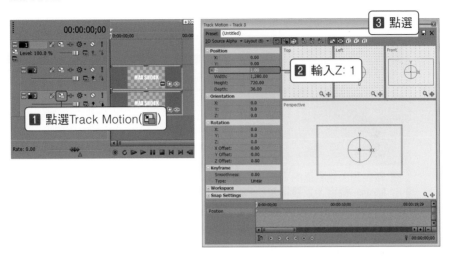)，輸入[Position]的Z: 1，關閉視窗。

5 再次於第3軌道清單上按下滑鼠右鍵，選擇[Duplicate Track]，複製軌道。接著，點選被複製出來的第4軌道之Track Motion(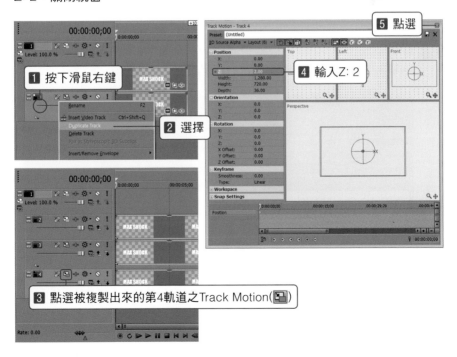)，輸入[Position]的Z: 2，關閉視窗。

6 透過上述般的方法，複製合計30個軌道，逐一點選每個軌道的Track Motion，在Z處套用比前一個軌道高一個級數之數值。在最後第32軌道的 Track Motion視窗中可看到Z: 30之值。

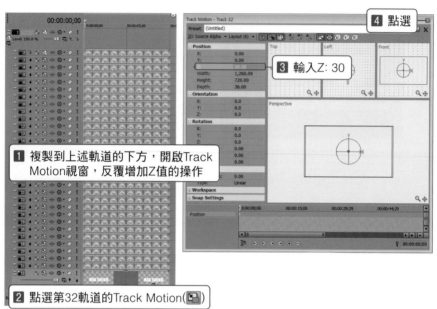

7 從[Media Generators]標籤中將[Color Gradient]的[Sunburst]Preset置入 到第32軌道的下方，關閉出現的設定視窗。

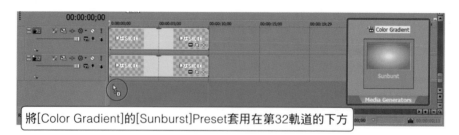

8 點選第2軌道檔案的Generated Media(⬚)，接著點選[Properties]標籤，點選色彩選擇視窗，選擇目標的標題字幕色彩，或輸入R: 255, G: 255, B: 0, A: 255，套用標題字幕的色彩。

1 點選第2軌道檔案的Generated Media(⬚)

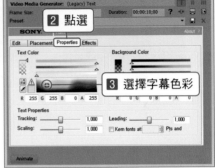

2 點選

3 選擇字幕色彩

9 接著點選[Effects]標籤，勾選[Draw Outline]後，輸入Feather: 0.080、Width: 0.110，調整外框的尺寸與清晰度，再點選色彩選擇視窗，下拉至最下方，套用黑色後，關閉視窗。

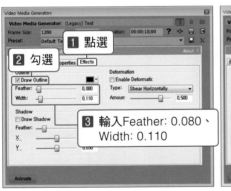

1 點選

2 勾選

3 輸入Feather: 0.080、Width: 0.110

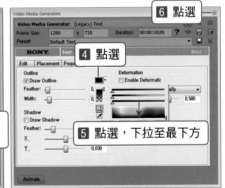

4 點選

5 點選，下拉至最下方

6 點選

10 點選第1軌道的Parent Motion(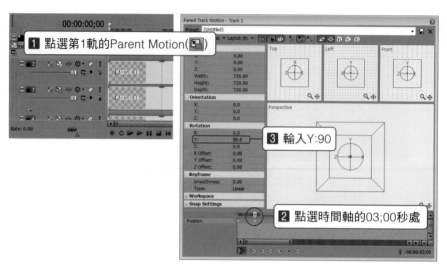)。接著點選時間軸的03;00秒處,輸入 [Rotation]的Y: 90,使畫面旋轉90度。

11 接著點選時間軸的06;00秒處,輸入[Rotation]的Y: 180,使畫面旋轉180 度;再次點選時間軸的09;00秒處,輸入[Rotation]的Y: 420後,關閉視 窗。

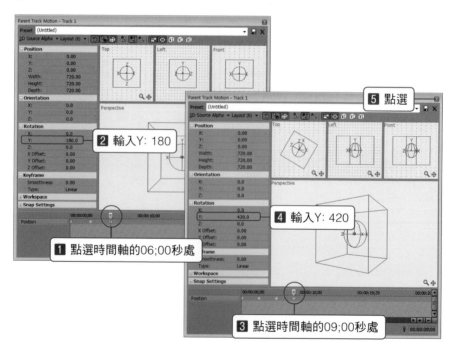

12 檢視最終的結果，可看到如3D文字般擁有厚度的文字效果。

結果檔案：[6 Complete Video]/Vegas Pro 12-FIN21.wmv
　　　　　　[5 Project]/Vegas Pro 12-21.veg

❹ 製作新聞字幕

看TV新聞時，為了傳達新聞內容或資訊，在畫面中往往會有告知新聞標題或主要內容的長矩形字幕欄出現。在此為大家介紹如何製作此種傳達資訊用的新聞字幕。

1 建立新專案後,從[1 Video] 資料夾中將HDV12.wmv檔案置入到時間軸,按下 Ctrl + Shift + Q 新增2個軌道,再從[Media Generators]標籤中將[Color Gradient]的[Linear Black to Transparent]Preset置入到第2軌道。

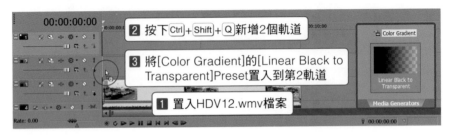

2 在出現的設定視窗中輸入R: 13, G: 142, B: 255, A: 255來設定字幕列的色彩,或點選色彩選擇視窗,選擇目標的字幕列色彩後,關閉視窗。

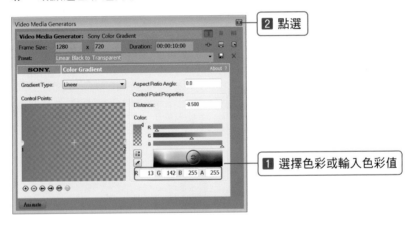

3 點選第2軌道的Track Motion(▦)。

4 接著點選Lock Aspect Ratio(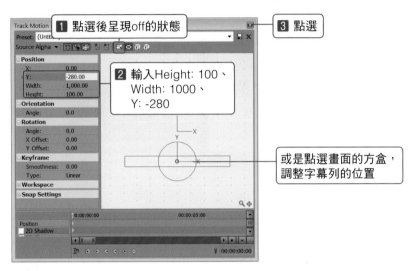)鈕，取消下押的狀態後，輸入[Position]
的Height: 100，設定字幕列的寬度；輸入Width: 1000，調整字幕列的長
度。接著輸入Y: -280，設定字幕列的位置後，關閉視窗。

5 從[Media Generators]標籤中將[(Legacy Text)]的[Defalut Text]Preset置
入到第1軌道。

6 在字幕輸入視窗裡，輸入新聞字幕詞句（例：週末假日，塞車嚴重），點選 [Placement] 標籤，調整字幕，使字幕位於字幕列上方後，關閉視窗。

7 檢視最終的結果，可看到如新聞字幕般，字幕列的任一端呈半透明狀態的新聞字幕效果。

結果檔案：[6 Complete Video]/Vegas Pro 12-FIN22.wmv
　　　　　[5 Project]/Vegas Pro 12-22.veg

Note 調整字幕列色彩範例

若希望字幕列的色彩深一點，可在 Linear Black to Transparent 的設定視窗裡，點選 Point 號碼①處，利用鍵盤的方向鍵使其向右側移動。

周末假日，塞車嚴重！

■ 製作兩側皆透明的新聞字幕列

1 點選第2軌道套用[Linear Black to Transparent]Preset檔案的Generated Media(📟)]。

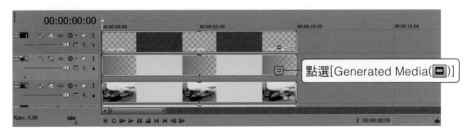

點選[Generated Media(📟)]

2 在[Linear Black to Transparent]Preset的設定視窗中點選⊕，建立Point號碼③，再利用鍵盤的方向鍵使之移動。或輸入Distance: 0。

接著點選Point號碼①，將透明度的調整桿下拉到最下方，使字幕列的左右兩側呈現透明後，關閉視窗。

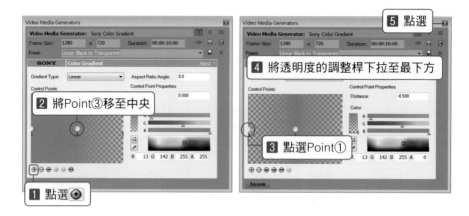

3 點選字幕檔案的Generated Media(■)，調整字幕位置使其置於字幕列上，即可製作出新聞中常見的兩側透明之字幕列效果。

結果檔案：[6 Complete Video]/Vegas Pro 12-FIN22-1.wmv

[5 Project]/Vegas Pro 12-22-1.veg

⑤ 製作電影星際大戰之開場字幕

觀賞電影星際大戰，在電影一開始時會看到作為背景的主要內容以字幕方式來呈現並消失於畫面中的效果。現在就來嘗試製作這種類似星際大戰情節的說明字幕吧！

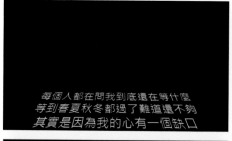
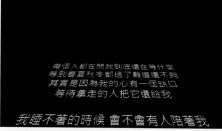

1 設定Width: 1280、Height: 720、Pixel aspect: 1.000(Square)，建立新的專案後，從[Media Generators]標籤中將[(Legacy Text)]的[Defalut Text] Preset置入到時間軸。

2 接著在顯示設定視窗後，輸入一首歌曲的歌詞為字幕。輸入字幕時，文字要置中對齊。然後點選[Properties]標籤，輸入R: 255, G: 255, B: 0, A: 255，指定色彩為黃色。

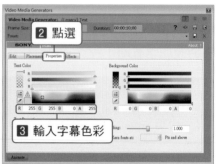

3 接著點選[Placement]標籤，點選 Animate 鈕，在出現時間軸後，將字幕向下拉，直到預覽畫面上看不到字幕。此時，X值維持為0。再點選時間軸的末端，將下方的字幕向上拉，放在預覽畫面上方不會被看到的位置。此時，若X值產生變化，再次輸入0，關閉視窗。

4 播放並檢視，可看到字幕從最下方往上移動，漸漸消失的效果。

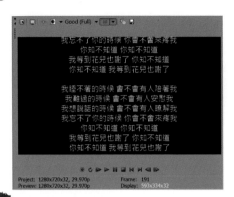

Note 調整字幕的速度

隨著輸入的字幕長度，若是字幕長度是超過字幕基本預設的10秒時間之長度時，字幕將無法全部出現，會被裁切掉，字幕往上移動的速度會較快，此時的解決方法如下所示。

● 點選字幕Preset的Generated Media(▣)後，在出現的設定視窗中對Duration輸入想要的時間(例：40;00)，按下 Enter 鍵套用之，時間軸的長度會增長。點選時間軸的Keyframe，移動到最後，關閉視窗。

● 接著點選字幕檔案的末端，如同輸入的時間般向右拖曳至40;00秒的長度。再次播放確認字幕是否已全部出現及速度適合與否，若需要再修正，則以相同方法於設定視窗的Duration輸入需要的時間即可。

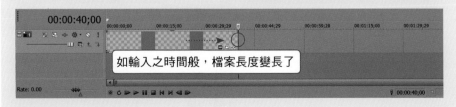

如輸入之時間般，檔案長度變長了

5 接著點選Compositing Mode(▣)，選擇裡面的[3D Source Alpha]，套用3D模式，再點選Track Motion(▣)。

6 為了如同星際大戰字幕般呈現出來，輸入[Orientation]的X: -50，使字幕畫面朝內側傾斜，關閉視窗。

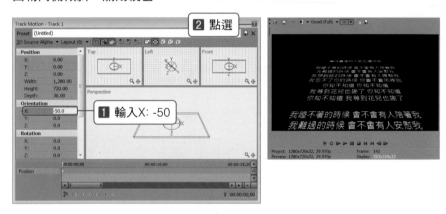

7 為了平滑處理在上半部消失的字幕部分，點選檔案的Event Pan/Crop(▣)，勾選[Mask]，在畫面的上半部套用1cm左右的遮罩。

8 接著選擇Mode: Negative、Feather type: out，輸入Feather(%): 30，使字幕更自然地消失於上半部後，關閉視窗。

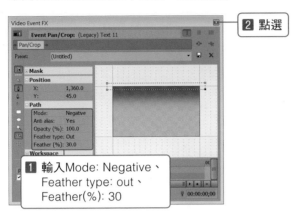

2 點選

1 輸入Mode: Negative、Feather type: out、Feather(%): 30

9 從[Media Generators]標籤中將[Noise Texture]的[Starry Sky]Preset置入到字幕軌道的下方。

套用[Noise Texture]的[Starry Sky]Preset

10 在出現的設定視窗裡，輸入[Noise parameters]的Max: 0.100、Bias: 0.600，關閉視窗。

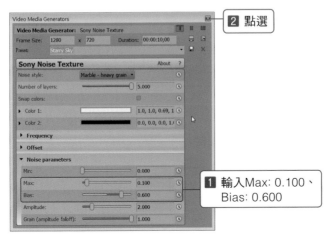

2 點選

1 輸入Max: 0.100、Bias: 0.600

11 接著，點選[Starry Sky]Preset的檔案之末端(⟥→)，配合字幕檔案的長度予以增長。

> 將檔案的末端向右拖曳，
> 配合字幕檔案的長度

12 檢視最終的結果，可看到如電影星際大戰的開場字幕般，在傾斜的狀態下字幕自下方顯現並消失於畫面中的字幕特效。

結果檔案：[6 Complete Video]/Vegas Pro 12-FIN23.wmv
　　　　　[5 Project]/Vegas Pro 12-23.veg

■ 在畫面的中間使字幕上升

透過上述的過程製作了字幕上升效果後，點選Event Pan/Crop(⬚)鈕，在字幕的上面套用了Mask，但這次要在上下都套用Mask，故選擇Mode：Negative、Feather type: out，輸入Feather(%): 30 後，關閉視窗。

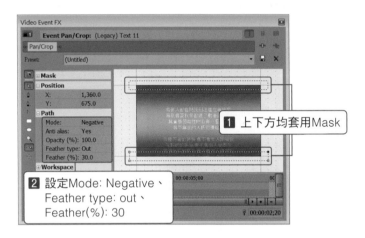

1 上下方均套用Mask

2 設定Mode: Negative、Feather type: out、Feather(%): 30

接著點選Track Motion(⬚)鈕，輸入Width的值，縮小畫面大小。如此一來，就會做出在畫面的中間顯示字幕，向上升逐漸消失的效果。

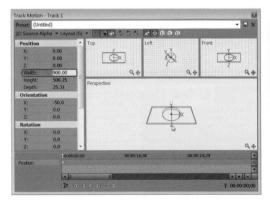

⑥ 製作運用Photoshop的簡單標題字幕

標題字幕有更簡單的製作方法，就是利用Photoshop的樣式功能來製作。
Photoshop從編輯影像到各種標題設計，透過簡單的方法即可設計出專家水
準的效果，與Vegas一起學習時，用途更加廣泛。

1 到 可 免 費 下 載Photoshop的 樣 式 檔 之http://www.brusheezy.com/tag/
thebrandyman_styles_pack!裡，下 載 樣 式 檔 並 解 壓 縮。 接 著 啟 動
Photoshop並 點 選[STYLES]標 籤，再 點 選 細 部 選 單(▼≡)，選 擇[Load
Styles]。

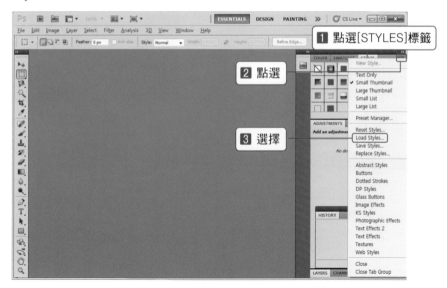

2 接著選取下載後解壓縮的樣式檔，點選[Load]。

3 如此一來，[STYLES]標籤裡會出現下載回來的樣式檔效果。

4 點選[File]-[New]，顯示New視窗，為了讓影像的解析度相同，輸入Width: 1280、Height: 720，選擇Background Contents: Transparent，按下[OK] 鈕。

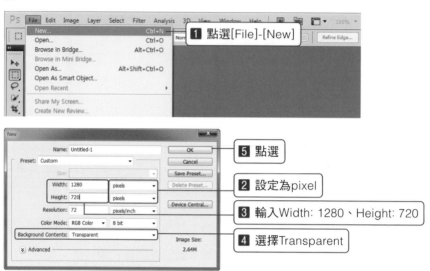

5 點選Type Tool(T)，輸入目標的標題字幕後，在[STYLES]標籤中點選目標的效果。如此一來，輕而易舉地製作出質感優良的標題字幕。

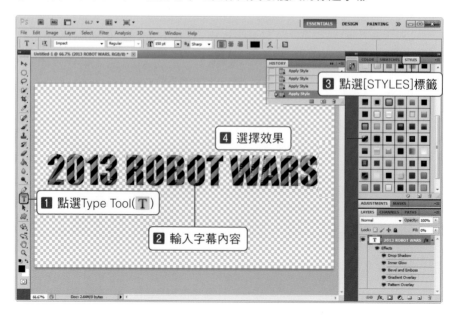

6 點選 [File]-[Save]，輸入檔案名稱，在 [Format] 處選擇 Photoshop 的檔案格式 PSD，點選 [存檔] 鈕。

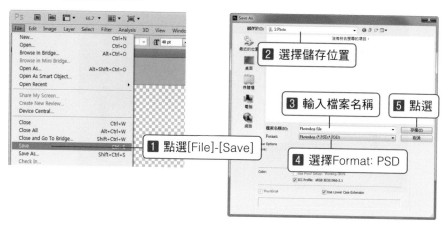

7 執行 Vegas，建立專案後，置入視訊或照片檔案，並在其上方新增軌道，置入在 Photoshop 裡製作儲存好的標題字幕。接著點選該 Photoshop 標題字幕檔案軌道的 Track Motion(⊞)。

8 接著勾選 [2D Shadow]，為了讓標題、字幕在影像上更容易辨識，套用了陰影效果後，關閉視窗。

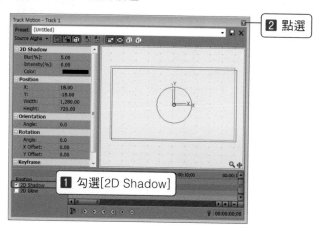

6 如此一來，就可以輕易地完成了專家水準的標題字幕之製作。

⑦ 製作片尾致謝名單

電影結束時，會羅列出參與製作的人員名單，稱為Ending Credit。Ending Credit可製作成許多型態，在此為大家介紹其中一種，先以影像充滿整個畫面，接著畫面縮小，Ending Credit上升的效果。

1 建立新專案(Width: 1280、Height: 720、Pixel aspect: 1.000(Square))，從[1 Video]資料夾中將HDV13.wmv檔案置入到時間軌後，點選Track Motion(📷)。

2 在Track Motion視窗裡，點選時間軸的03;00秒處，然後點選Create Keyframe(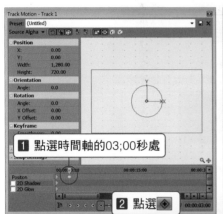)。再次點選時間軸05;00秒處，輸入Width: 600，縮小畫面，輸入X: -300，使影像置於畫面左側。也可以直接調小畫面方盒，設定好位置後，關閉視窗。

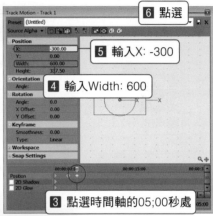

[影像的畫面縮小，置於畫面左側]

3 按下 Ctrl + Shift + Q 新增軌道後，點選Ending Credit開始的位置之05;20秒處，編輯線移動至此後，從[Media Generators]標籤中將[Credit Roll]的[Plain Scrolling on Black]Preset對齊編輯線置入到軌道中。

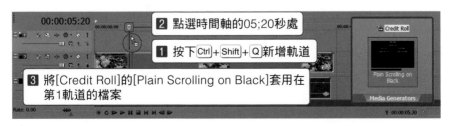

4 按二下 🔡 的 Title Text 部分，輸入標題（例：製作群），再按二下 🔳 的 Subitem Text，輸入字幕（例：企劃 天空影像工坊）。並且在點選雙欄寫入的圖示（🔳）後，點選單欄寫入（🔳）。

5 變更雙欄寫入為單欄寫入後，輸入字幕，按二下 ⬜ <Insert Text Here> 部分，輸入字幕後，按下 Enter 鍵，會再出現一個輸入視窗，根據需要來輸入想要的 Ending Credit 字幕。

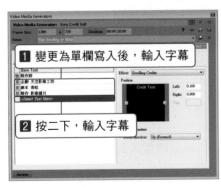 

6 接著點選[Styles]標籤，點選Header字幕，設定主題、字幕的字體和尺寸大小，點選色彩選擇標籤，設定字幕色彩。然後點選[靠左對齊]鈕。

7 點選單欄寫入字幕，如同前一步驟般設定字體的種類與尺寸，並靠左對齊後，點選[Background]，設定背景色為透明後，關閉視窗。

8 點選Ending Credit檔案的Event Pan/Crop(圖示)，接著將F畫面向左拖曳，調整成在預覽畫面上字幕位於右側後，關閉視窗。

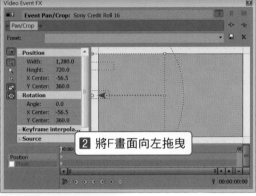

1 點選

2 將F畫面向左拖曳

調整成字幕出現在預覽畫面的右側

9 為了調慢字幕的速度，按住 Ctrl 鍵不放，使滑鼠位在字幕檔案的末端，指標圖示變為圖示時，向右拖曳來增長檔案的長度。

1 按住 Ctrl 鍵不放，將檔案的末端向右拖曳

2 增長檔案的長度

10 檢視最終的結果，可看到布滿整體畫面的影像縮小至畫面左側，製作人員的Ending Credit緩緩出現的效果。

結果檔案：[6 Complete Video]/Vegas Pro 12-FIN24.wmv
　　　　　[5 Project]/Vegas Pro 12-24.veg

⑧ 製作打字輸入的標題效果

與一般的文字逐一出現的方法不同，為了要呈現出更為真實的打字效果，在此介紹一邊出現游標一邊出現文字的打字效果。

1 建立新專案後，從[Media Generators]標籤中將[(Legacy Text)]的[Default Text]Preset置入到時間軸，在顯示設定視窗後，點選[Placement]標籤，從[Text Placement]選單中選擇Center Left。

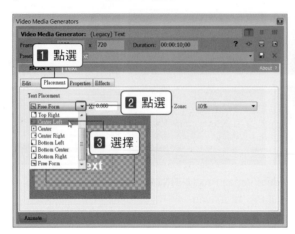

2 點選[Edit]標籤，刪除預設的文字後，點選 Animate ，出現時間軸。接著點選時間軸的00;10秒處，使編輯線移動至此後，在字幕的輸入視窗裡輸入 " _ "。

3 再次點選時間軸的00;20秒處,使編輯線移動至此後,刪除"_"文字,在相同位置輸入"打"字。

點選時間軸的01;00秒處,使編輯線移動至此後,按下 Spacebar 後,輸入 "_"。

2 輸入"打"字

1 點選時間軸的00;20秒處

5 輸入"_"

4 按下 Spacebar,空一格

3 點選時間軸的01;00秒處

4 再次點選時間軸的01;10秒處,使編輯線移動至此後,刪除"_"文字,在相同位置輸入"字"字。

重複相同的步驟,將"打字般的效果"之文字全部輸入。亦即,輸入"_", 00;10秒後移動,刪除"_"後,再輸入下一個文字,再次於00;10秒後移動, 按下 Spacebar 空一格後,再次輸入"_"的反覆流程。

2 輸入"字"

1 點選時間軸的01;10秒處

4 一邊移動時間軸,一邊輸入"_"與文字

3 每隔00;10秒點選

5 所有步驟完成後，點選最初的Keyframe，按住Shift鍵不放，再點選最後的
Keyframe，選取所有的Keyframe。按下滑鼠右鍵，選擇[Hold]。

6 如此一來，所有Keyframe均套用了[Hold]，固定了位置，Keyframe變成
紅色。

7 檢視最終的結果，可看到製作出在游標顯示後文字被輸入的效果。

結果檔案：[6 Complete Video]/Vegas Pro 12-FIN25.wmv
　　　　　　[5 Project]/Vegas Pro 12-25.veg

⑨ 製作利用 Protype Titler 的標題字幕

在此將為大家介紹使用可以輕易地製作出專業水準的標題字幕之 Protype Titler，並套用 Collections 效果使其轉化為兼具有立體感與金屬感的標題字幕。

1 建立新專案，從[Media Generators]標籤中將[Protype Titler]的[Empty] Preset置入到時間軸後，顯示[Protype Titler]視窗，點選Collections(▦) 鈕，按二下[Drop split]效果套用之。

2 接著點選時間軸的預設文字[The brown fox]出現的部分，按二下預設文字並拖曳後，進行整體的選取。接著輸入目標的標題字幕（例：SPECIAL FORCE）。然後點選上半部的褐色部位，或按下 Esc 鍵，完成設定。

僅預設文字 The brown fox 刪除後輸入字幕，Collections 效果會消失。因此，在輸入字幕時，必須拖曳選取所有預設文字後，再輸入字幕。
輸入中文字幕時，由於效果未被套用，因此先在筆記本上輸入字幕，然後進行複製，貼入在預設文字 The brown fox 上即可。

3 輸入 [Offset] 的 Y: 0，使標題字幕置於中央。

4 點選 [Effect] 標籤，勾選 [Gradient Fill] 後，點選色彩設定點，輸入 Red: 131、Green: 131、Blue: 131、Alpha: 100。

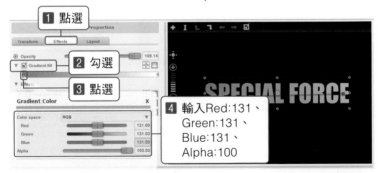

5 點選字幕上的左側調整點，移動至中央下方的點，將右側調整點移至中央上方的點。

6 按二下色彩選擇視窗的中央部位，輸入 Red: 255、Green:255、Blue:255。

7 點選色彩選擇視窗的右側，輸入 Red: 131、Green: 131、Blue: 131。

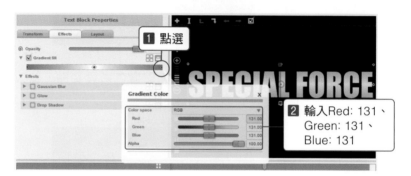

8 接著點選上方的調整點並向下拉，對齊字幕線條，亦點選下方調整點並向上拉，對齊字幕線條。然後關閉視窗。

上下移動調整點，對齊字幕線條

9 從 [1 Video] 資料夾將 HDV14.wmv 檔案置入到第 1 軌道的下方。藉此,就可看到標題字幕呈現出金屬質感。

置入 HDV14.wmv 檔案

10 為了賦予字幕立體感,點選標題字幕檔案的 Generated Media(▣)。接著點選 [Effects] 標籤,勾選 [Drop Shadow],按下 ▶ 鈕,一邊檢視預覽畫面,一邊將 [Horizontal offset] 滑桿向右滑移,調整立體感的陰影,關閉視窗。

11 檢視最終的結果,可看到套用 Collection Drop Split 效果後的標題字幕具有金屬質感,並展現出在下降後又逐漸淡化的效果。

結果檔案：[6 Complete Video]/Vegas Pro 12-FIN26.wmv
　　　　　[5 Project]/Vegas Pro 12-26.veg

⑩ 製作在筆記本上逐字顯示信件內容的效果

在此將利用 Protype Titler，設計出可以使用在成長動畫或求婚影片裡的筆記本上，讓信件內容逐字顯示的效果。

1 建立新專案，從[2 Photo]資料夾將IMG_27.jpg檔案置入道時間軸，從 [Media Generators] 標籤中將[Protype Titler]的[Empty]Preset置入到上方的軌道。

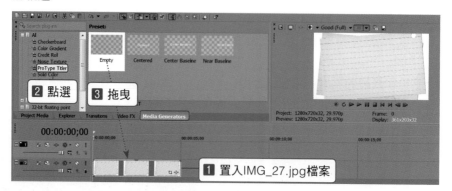

2 在Protype Titler視窗中點選Add New Text Block(◆)鈕，輸入目標的信件內容，拖曳選取，設定字體的種類和尺寸(1.34)。

> 在與你相遇的初春清晨
> 乘著微風飄來的甜蜜香氣
> 如雲團豁然消散般之與你同在的時光
> 是全世界最燦爛的回憶
> 你是我的星星，你是我的愛

3 點選[Style]標籤後，點選[Fill color]，輸入Red: 0、Green: 0、Blue: 0，設定字幕色彩為黑色。接著點選Esc鍵，完成文字輸入。

4 在[Transform]標籤中輸入Rotation: -5，配合筆記本橫線方向，在[Offset]中輸入Y: 3.35，調整位置使文字置於線條內。

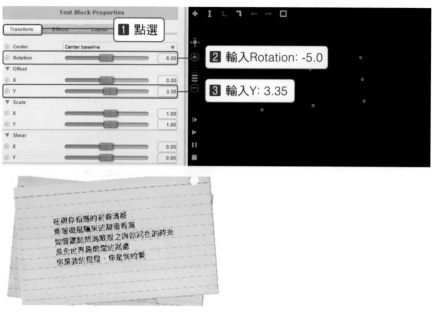

[配合筆記本橫線的方向與位置，調整字幕]

5 點選[Layout]標籤，在上方的時間標示部位輸入30，按下 Enter 鍵套用後，點選[Selection]項目的螺旋型(Toggle Automation(⊚)鈕，產生封套。接著在[Selection type]中選擇[Character]。

Selection type

Character – 逐字出現

Line – 逐行出現

Word – 逐一單字出現

6 接著按二下時間軸的[Right]封套線條之25秒處,產生Keyframe。將時間軸起點的Keyframe向下拉,套用值為0,關閉視窗。

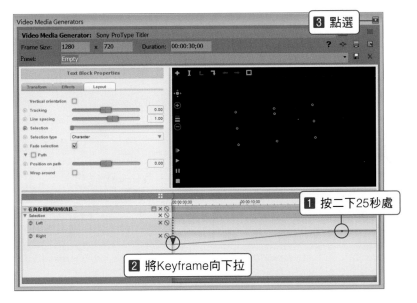

7 點選字幕的末端與筆記本檔案的末端(⤷),延伸至30秒的長度。

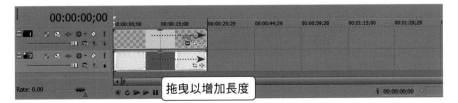

8 播放並檢視，在筆記本上可看見信件內容逐字顯現出來的效果。

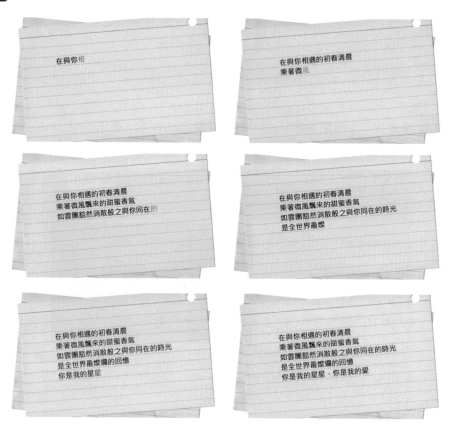

結果檔案：[6 Complete Video]/Vegas Pro 12-FIN27.wmv
　　　　　[5 Project]/Vegas Pro 12-27.veg

Vegas Pro Technic Book

學會電影CF特效

05
Lesson

1　製作電視連續劇的 Ending 效果

九歌之書、許浚、天命等韓國電視連續劇在結尾時，都會從一個關鍵場景
的影像轉變成靜止的影格，可以看到懷舊紙張質感的影像效果，以及隨著
螢火蟲、雪花和水滴等四處紛飛而終的效果，讓我們來嘗試製作此等連續
劇 Ending 效果吧！

1　點選上方選單的 [File]-[New]，設定 Width: 1280、Height: 720、Pixel aspect:
1.000(Square)，建立專案。

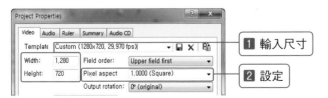

2 接著從[1 Video]資料夾中將[HDV17.wmv]檔案置入到時間軸，按下 Ctrl + Shift + Q 新增軌道。

3 在影像區間中，將編輯線移動至要以靜止影格來改變的位置後，點選預覽畫面的Save Snapshot to File(🔲)鈕，指定儲存位置，儲存Snapshot檔案。

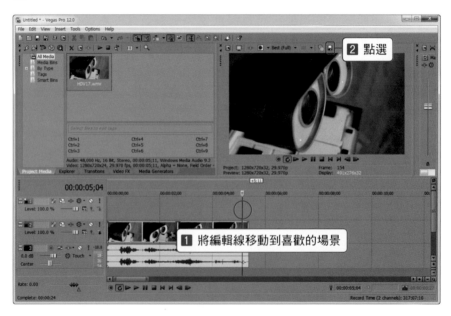

以高畫質儲存Snapshot

為了儲存高畫質的Snapshot，必須將專案的解析度設得跟視訊檔的解析度一樣才行，所以必須把預覽畫面設定成Best->Full，再點選Save Snapshot to File(🔲)鈕，才能將Snapshot儲存成高畫質。

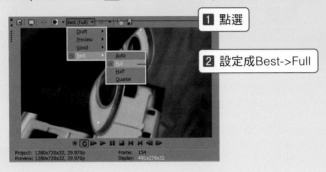

4 如此一來，儲存在[Project Media]標籤裡的Snapshot檔案就會出現，將 Snapshot檔案配置在第1軌道的編輯線右側。

5 點選Snapshot檔案的Event Pan/Crop(⬚)，接著點選時間軸的末端，按住
Shift鍵不放，點選F畫面的控制點向中央拖曳後，關閉視窗。

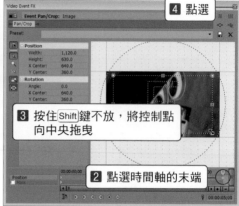

6 從[Video FX]標籤中將[Brightness and Contrast]的[Very Bright]Preset置
入到Snapshot檔案。

7 顯示設定視窗後，輸入Brightness: 0，點選Animate(⏱)按鈕。接著，點
選時間軸的00;03秒處後，輸入Brightness: 0.700。

8 再次點選時間軸的00;06秒處，輸入Brightness: 0後，關閉視窗。如此一來，就會套用閃光效果。

9 從[Video FX]標籤中將[Color Corrector]的[(Default)]Preset套用在Snapshot檔案上。

10 調整Low、Mid、High的色相環，利用與Video檔不同的色彩，將Snapshot編修成喜歡的樣式後，關閉視窗。

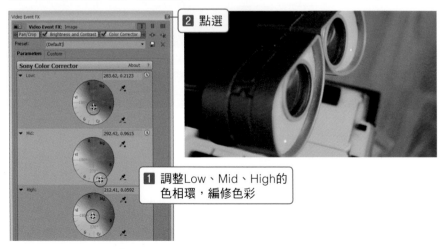

11 按下 Ctrl + Shift + Q 新增軌道後,將[1 Video]資料夾的HDV16.wmv檔案對齊Snapshot檔案的前端並置入。接著點選音訊軌道清單,按下 Del 鍵刪除音訊軌道,再點選Compositing Mode(■),選擇[Screen]。

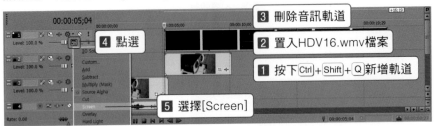

12 以同樣方法按下 Ctrl + Shift + Q 新增軌道後,將[1 Video]資料夾的HDV15.wmv檔案對齊Snapshot檔案的前端並置入。如同上述的過程,點選Compositing Mode(■),選擇[Screen]。

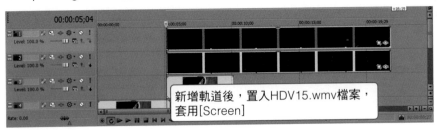

13 按下 Ctrl + Shift + Q 新增軌道後,從[2 Photo]資料夾中將IMG_28.jpg檔案置入並對齊下方的檔案,接著點選Event Pan/Crop(□)。

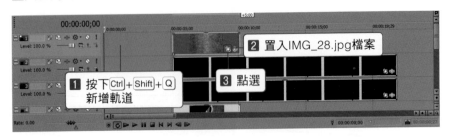

14 在Event Pan/Crop視窗裡勾選[Mask]後，如圖般套用了橢圓形遮罩。接著，選擇Mode: Negative、Feather type: Both，輸入Feather(%): 50後，關閉視窗。

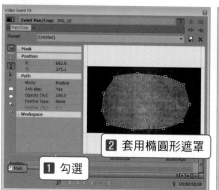

2 套用橢圓形遮罩

1 勾選

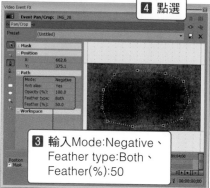

4 點選

3 輸入Mode:Negative、Feather type:Both、Feather(%):50

15 當滑鼠指標移至檔案上方並變為 時，點選並向下拖曳，調整透明度為50%，將紙張質感的紋理素材和Snapshot檔案如圖般調控顯示。

滑鼠指標移到檔案上方，向下拖曳

16 從[Video FX]標籤中將[Black and White]的[100% Black and White]Preset套用在紙張紋理的素材檔案，關閉視窗。

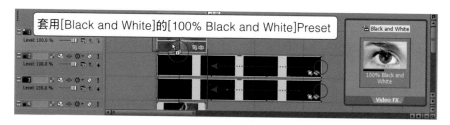

套用[Black and White]的[100% Black and White]Preset

17 播放並檢視最終的結果，可看到播放的影像在經過閃爍後畫面影格呈現靜止而達成場景轉換的效果。

結果檔案：[6 Complete Video]/Vegas Pro 12-FIN28.wmv
　　　　　[5 Project]/Vegas Pro 12-28.veg

2 製作《美女們的嘮叨》MV般的畫面框架

1 執行Photoshop後，點選[File]-[New]，顯示[New]視窗後，為了與Vegas作業的專案解析度相同，設定Width: 1280、Height: 720、Background Contents: Transparent後，點選[OK]鈕。

Note 選擇Photoshop工具

在Photoshop的工具面板裡，部分工具圖示內還隱藏著其他工具。以滑鼠按住該工具不放，或按下滑鼠右鍵，就能選擇其他隱藏著的工具。

2 接著點選Paint Bucket Tool(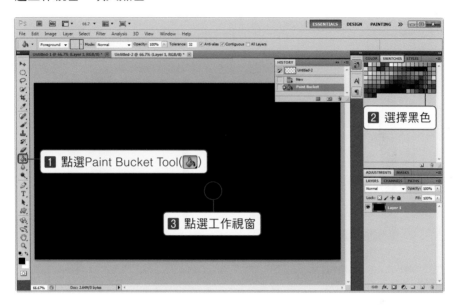)，在[SWATCHES]標籤裡選擇黑色後，點選工作視窗，填入黑色。

3 點選Rounded Rectangle Tool(⬜)後，在[SWATCHES]標籤裡選擇黃色。接著點選[Fill pixels]，輸入Radius: 20，在工作視窗上拖曳出想要的形狀，設計出畫面框架。

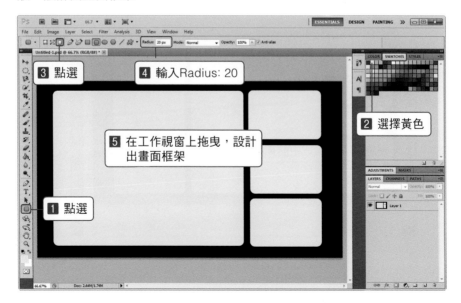

4 接著點選Quick Selection Tool()，按住Shift鍵不放，選取所有黃色區域。

5 接著再點選Easer Tool(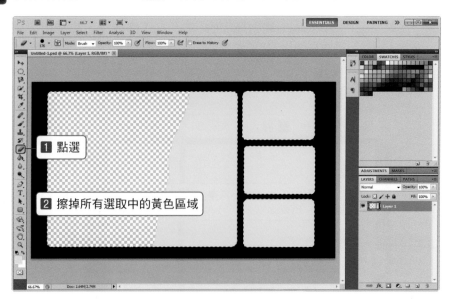)，擦掉所有選取中的黃色區域。

6 完成所有的程序後，點選[File]-[Save]，儲存成PNG檔。

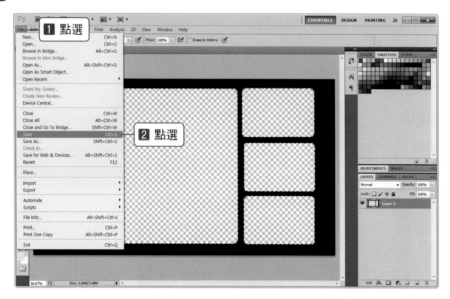

7 執行Vegas後，為了要和Photoshop作業的畫面框架具相同的解析度，設定Width: 1280、Height: 720、Pixel aspect: 1.000(Square)，執行專案。接著按下 Ctrl + Shift + Q，新增5個軌道。將Photoshop儲存的畫面框架檔案載入第1軌道，並將要顯示在畫面框架的檔案(例如：[2 Photo]的IMG29~IMG32.jpg)置入到其他的4個軌道。

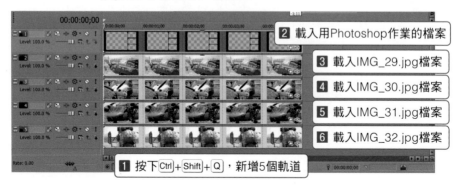

8 點選第2軌道的Track Motion(🖼)，為了讓顯現出來的影像符合Photoshop所做成的畫面框架，必須縮小畫面及調整位置。在縮小畫面尺寸時，因為不見得能夠剛好符合，故盡可能縮小畫面尺寸，調整到得以讓影像出現在畫面框架之中，關閉視窗。

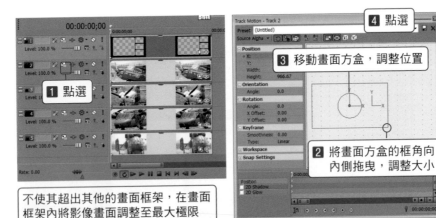

不使其超出其他的畫面框架,在畫面框架內將影像畫面調整至最大極限

9 為了更精細地調整畫面框架內的影像,點選第2軌道檔案的Event Pan/Crop(**口**),再點選F畫面,移動畫面,使影像畫面的任一場景都能夠出現在畫面框架,調整好位置後,關閉視窗。

10 其餘檔案亦以相同方法來調整尺寸及位置，使欲呈現的影像部位出現在畫面框架內。如此一來，就可以製作出使用如同Monotonik-Krazy(《美女們的嘮叨》主題曲)的MV那樣的圓角畫面框架之視訊影像。

結果檔案：[6 Complete Video]/Vegas Pro 12-FIN29.wmv
[5 Project]/Vegas Pro 12-29.veg

❸ 製作KB國民銀行信用卡CF－圓角化畫面處理

韓國KB國民信用卡的CF，採用橘色為基底，將影像外框圓角化，並賦予簡單的視訊效果，在此為大家介紹此種畫面的製作方法。

1 將[1 Video]資料夾裡的HDV18.wmv檔案置入到時間軸後，刪除音訊軌道。從[Media Generators]標籤中將[Solid Color]的[Orange]Preset置入到視訊軌道的下方，在顯示設定視窗後，選擇色彩或是輸入1.0, 0.65, 0.0, 1.0後，關閉視窗。

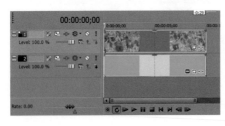

2 從[Video FX]標籤中將[Soft Contrast]的[Warm Vignette]Preset置入到影像檔案。

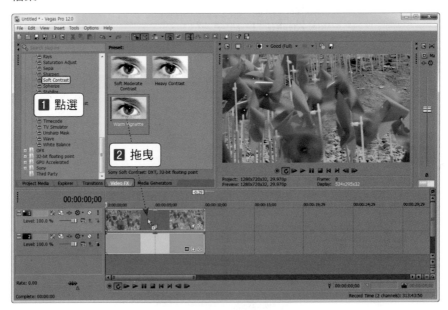

3 顯示設定視窗後，將 Contrast 的滑桿滑移至最左側，清除編修效果，再點選 [Vignette] 標籤，選擇 Exterior effect: Transparent 後，將 Softness 的滑桿滑移至最左側後，關閉視窗。

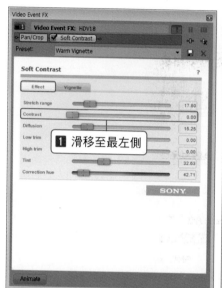

製作出被圓角化處理的畫面

4 點選視訊檔案的Event Pan/Crop(□)，將F畫面的控制點向外拖曳來縮減畫面，盡可能調整到讓整個畫面的顯示會出現在圓角化的畫面上，關閉視窗。

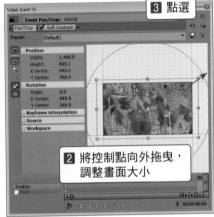

5 點選視訊軌道的Track Motion(□)，勾選[2D Shadow]後，輸入Blur(%):3。接著點選[Color]的色彩選擇視窗，點選▼鈕，調降透明度至50%左右後，關閉視窗。

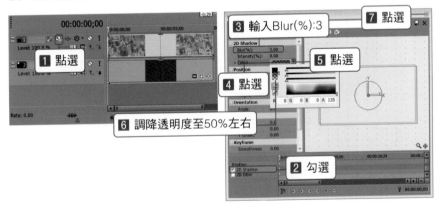

6 按下 Ctrl + Shift + Q 新增軌道後,再加上字幕,藉此完成KB國民銀行信用卡CF般的畫面效果。

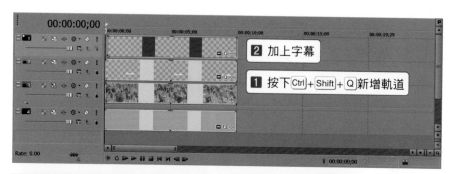

結果檔案:[6 Complete Video]/Vegas Pro 12-FIN30.wmv
　　　　　[5 Project]/Vegas Pro 12-30.veg

4 學會電影MARVEL開幕效果

蜘蛛人、鋼鐵人等Marvel Comics公司製作的電影,其開幕效果大多設計成在場景接續快速由上而下降落的同時,MARVEL標題字幕從中出現的強烈視覺效果。以下將為大家介紹在Vegas裡欲製作此等特效的方法。

1 建立新專案後,點選選單的[Options]-[Preferences]。接著點選[Editing]標籤,輸入New still image length (seconds): 0.340,勾選[Automatically overlap multiple selected media when added],輸入Cut-to-overlap conversion: 0.120後,點選[OK]。

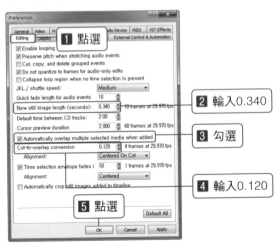

2 從[2 Photo]資料夾中選取IMG_33~IMG_50.jpg檔案，置入到時間軸。

3 接著將滑鼠滾軸向上滾動，放大時間軸，點選第1個檔案的Event Pan/ Crop(⬚)。

4 在F畫面上按下滑鼠右鍵，選擇[Match Output Aspect]，關閉視窗。

5 點選時間軸的00;03秒處，使編輯線移動至此後，套用淡入(fade in)至編輯線。

6 接著從[Transitions]標籤中將[Linear Wipe]的[Top-Down, Soft Edge]Preset拖曳置入到已套用淡入的部分，顯示設定視窗後，關閉視窗。

套用[Linear Wipe]的[Top-Down, Soft Edge]Preset

7 從[Video FX]標籤中將[Linear Blur]的[Vertical Extreme]Preset套用在最初的檔案上。

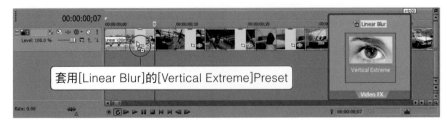

套用[Linear Blur]的[Vertical Extreme]Preset

8 顯示設定視窗後，輸入Amount: 0.500，點選Animate()鈕。接著點選時間軸的00;04秒處，將Amount的滑桿滑移到最左側，套用0.000，關閉視窗。

9 在時間軸的最初檔案上按下滑鼠右鍵，選擇[Copy]，複製被套用的效果。

10 接著點選第2個檔案，按住 Shift 鍵不放，再點選最後的檔案，選取所有時間軸上的檔案。在所有被選取的檔案上按下滑鼠右鍵，選擇[Paste Event Attributes]。

11 如此一來，時間軸的所有檔案都會如同Marvel電影的開場般被套用了具有模糊(Blur)效果，同時由上而下降落的基本效果。

12 點選時間軸的02;10秒處，使編輯線移動至此後，從[Media Generators]標籤中將[(Legacy Text)]的[Transparent Text]Preset對齊編輯線來置入。

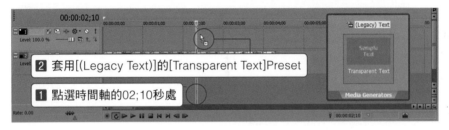

13 顯示設定視窗後，輸入想要的字幕(例：MARVEL)，設定字體與大小。接著點選[Animate(　Animate　)]鈕，在出現時間軸後，點選[Properties]標籤，輸入[Background Color]為R: 128, G: 12, B: 0, A: 168，調整透明度至65%左右。

 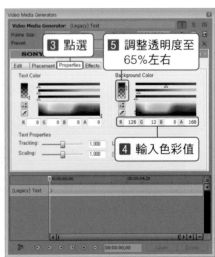

調整成僅在文字部分顯示原有的照片

14 再次點選時間軸的01;10秒處，點選Create Keyframe(◆)鈕。點選時間軸的01;25秒處，將[Text Color]的色彩選擇視窗拖曳至最上方，套用白色，將Background Color的透明度調整到最上方後，關閉視窗。

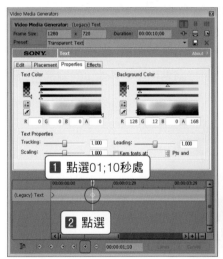

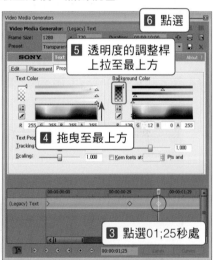

15 點選時間軸的04;20秒處，使編輯線移動至此後，將MARVEL字幕檔案的末端(┣→)拖曳至編輯線，縮減檔案的長度並對齊下方軌道檔案的末端，套用淡出(◥)。

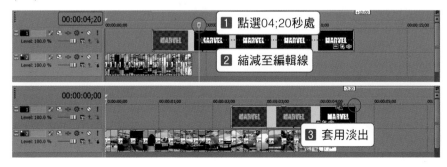

16 點選字幕檔案的Event Pan/Crop(▢)鈕，點選F畫面的控制點，向內側拖曳，放大字幕。

1 點選

2 將控制點向內側拖曳

17 接著點選時間軸的末端，將F畫面的控制點拖曳至外側，回到最初的位置，關閉視窗。

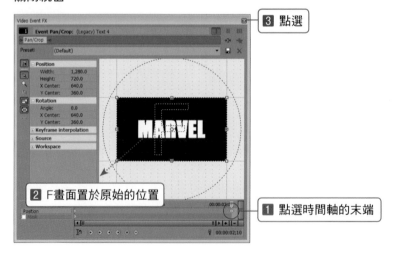

3 點選

2 F畫面置於原始的位置

1 點選時間軸的末端

18 檢視最終的結果，可看到如同MARVEL電影的開幕般，套用模糊特效的照片快速地掉落下來的同時，顯現反轉效果般的字幕，最後MARVEL字幕消失的效果。

結果檔案：[6 Complete Video]/Vegas Pro 12-FIN31.wmv
　　　　　[5 Project]/Vegas Pro 12-31.veg

❺ 合成動作電影的槍擊效果

使用槍擊的火焰素材和音效，在槍擊的同時合成聲音效果，可以製作出在電影裡並未實際射擊，但卻有射擊實感的場景。在此為大家介紹動作電影裡常見的射擊效果合成方法。

1 建立新專案，從[1 Video]資料夾中將HDV19.wmv檔案置入到時間軸，並在上方軌道置入fire.wmv檔案。接著刪除音訊軌道。

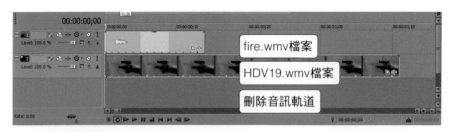

2 從[Video FX]標籤中將[Chroma Keyer]的[Green Screen]Preset套用在fire.wmv檔案上。

3 顯示設定視窗後，輸入Low threshold: 0.170，乾淨地去掉綠幕後，關閉視窗。

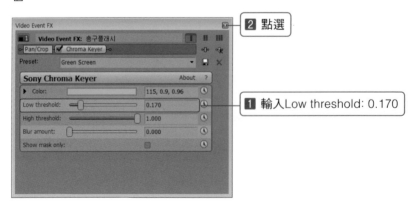

4 點選第1軌道fire.wmv檔案的Event Pan/Crop(⊡)，接著在F畫面上按下滑鼠右鍵，選擇[Flip Horizontal]。

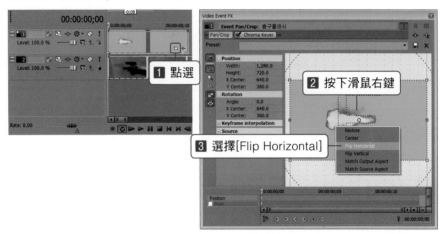

5 接著看著預覽畫面，移動F畫面使槍口火花的效果配置在短槍的槍口前端部位，並調整F畫面的控制點，縮小尺寸並予以旋轉，配合槍口角度，最後關閉視窗。

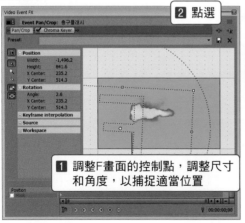

將槍口火花的檔案對齊在短槍的槍口前

6 使編輯線移動至第2軌道影像檔案中短槍要扣板機的部分，並且將槍口火花的檔案移到那個部位。

7 時間軸的00;24秒處還要再扣一次扳機，點選fire.wmv檔案後，按下 Ctrl +C 予以複製，在00;24秒處予以貼上。

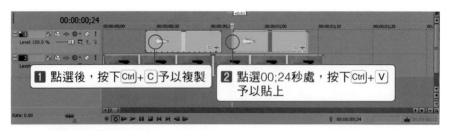

8 在第2軌道清單上按下滑鼠右鍵，選擇[Duplicate Track]，複製軌道。

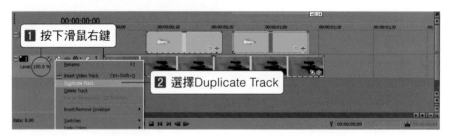

9 為了在槍擊時套用使周圍明亮的效果，點選第2軌道的Compositing Mode( )，選擇[Add]。

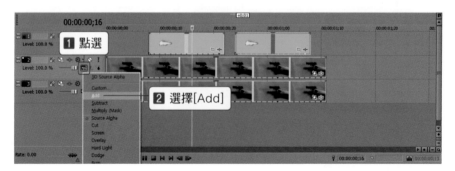

10 接著點選第2軌道檔案的Event Pan/Crop(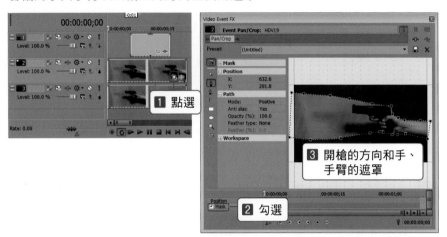)，勾選Mask後，如圖般在拿著槍的手與手臂以及槍口的方向上套用遮罩。

11 接著選擇Mode: Positive，設定Feather type: Both，輸入Feather(%): 40，關閉視窗。

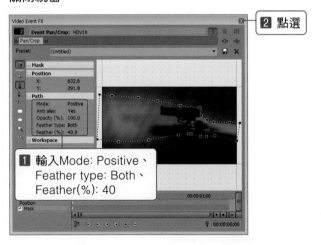

12 將滑鼠移動到第2軌道的檔案前端，當指標圖示變為 ↔ 時，點選並向右側拖曳，對齊上方的槍口火花檔案。

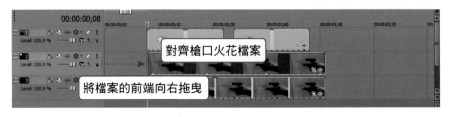

13 點選時間軸的00;22秒處，按下S鍵予以裁切，將檔案的末端(⯈)向左拖曳縮短，直到對齊槍口火花效果的明亮結尾處。

2 將檔案的末端向左拖曳 | **1** 點選00;22秒處，按下S鍵予以裁切

14 以相同方法也將後方檔案的部分(⯈)對齊槍口火花效果的明亮結尾處。

縮減檔案的長度，對齊槍口火花效果的明亮結尾處

15 將[4 Effects]資料夾的gun sound.mp3檔案對齊槍口火花效果的開始處，置入到第3軌道的下方。

將gun sound.mp3檔案對齊槍口火花效果的開始處並置入

16 檢視最終的結果,可看到在扣扳機的瞬間顯現出槍口火花的效果,同時周邊發亮又變暗的效果。

結果檔案:[6 Complete Video]/Vegas Pro 12-FIN32.wmv
　　　　　[5 Project]/Vegas Pro 12-32.veg

⑥ 《檔案3日》分割畫面播放效果

觀賞《檔案3日》電視節目時,會看到開始計時,接著影像依序出現在分割畫面上,然後各自播放著的分割畫面播放效果。在此為大家介紹此類畫面效果的設計技巧。

1 將[1 Video]資料夾中的HDV22、HDV23、HDV24.wmv檔案載入到不同的軌道後,因為不需要音訊軌道,所以選取後,按下 Del 鍵予以刪除。

2 接著點選第1軌道的Track Motion(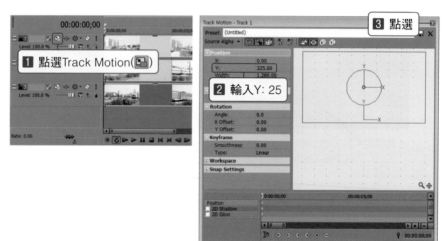)，輸入Y: 325，使畫面上移，關閉視窗。

3 接著點選第1軌道檔案的Event Pan/Crop(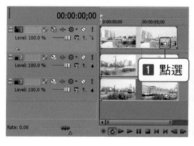)，將F畫面上下移動，調整到影像中想要看見的場景部分出現在畫面上，然後關閉視窗。

4 點選第2軌道的Track Motion()，輸入Width: 570、X: -440、Y: -205，使畫面移至左下方，關閉視窗。

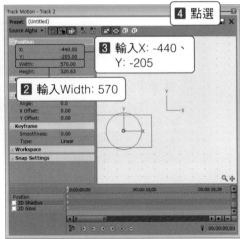

5 點選第2軌道檔案的Event Pan/Crop()，如同第1軌道般移動F畫面，調整到出現影像中想要觀看的場景部分後，關閉視窗。

6 點選第3軌道的Track Motion()鈕，輸入Width: 790、X: 240、Y: -266，使畫面移至右下方，關閉視窗。接著以相同方法點選Event Pan/Crop()，移動F畫面，調整到出現想要的場景來。

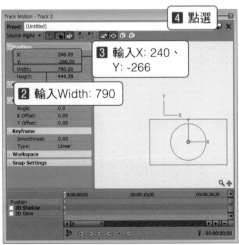

7 按下 Ctrl + Shift + Q 新增軌道後，從[Media Generators]標籤中將[Solid Color]的[Black]Preset置入到被新增的軌道中，顯示設定視窗後，關閉視窗。

8 點選Solid Color檔案的Track Motion，再點選Lock Aspect Ratio(▣)，取消下押的狀態後，輸入Width: 460、Height: 180、X: 9、Y: -23.90，關閉視窗。

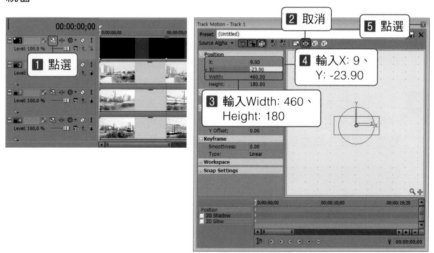

9 按下 Ctrl + Shift + Q 新增軌道後，從[Media Generators]標籤中將[(Legacy Text)]的[Default Text]Preset置入到新增的軌道上。

10 在字幕輸入視窗中如同時鐘般輸入00:00:00，設定Font: Digital Display TFB，輸入Size: 80。接著點選[Italic()]鈕，使字幕傾斜。

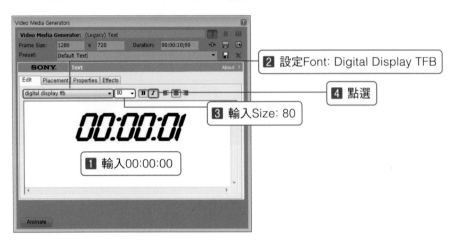

Note 字體資訊

範例中所使用的Digital Display TFB是免費字體，是從http://www.dafont. com網站裡，搜尋Digital字眼，下載後即可使用。

11 點選[Properties]標籤，輸入R: 155, G: 147, B: 46, A: 255，設定數位時鐘 字幕色彩後，關閉視窗。

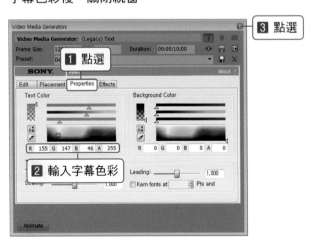

12 點選時間軸的00;29秒處,將編輯線移動至此後,拖曳字幕檔案的末端
(🕂),縮短至編輯線處。

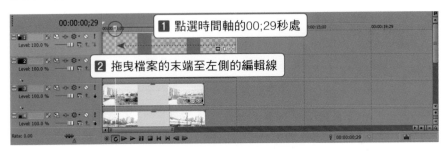

13 點選字幕檔案,按下 Ctrl + C 予以複製。再點選檔案的末端,按下 Ctrl + V 予
以貼上,顯示[Paste Options]視窗後,點選[OK]鈕,貼上字幕檔案。

14 反覆上述的程序,貼上合計5個字幕檔案。

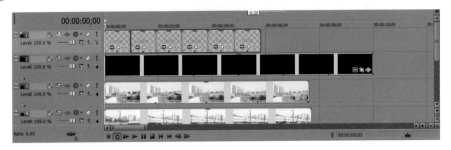

15 點選被貼上的5個字幕檔案之Generated Media(▣)，在字幕輸入視窗的
00:00:01裡刪除1，輸入2-3-4-5-6，呈現出計數的時間碼字樣。

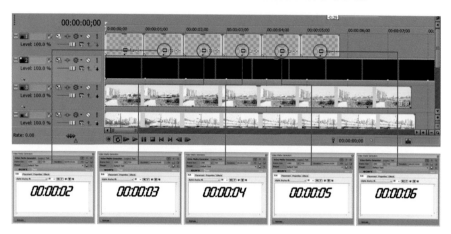

16 按下 Ctrl + Shift + Q 新增軌道後，從[Media Generators]標籤中將[(Legacy
Text)]的[Default Text]Preset置入到新增的軌道上。

17 在字幕輸入視窗裡輸入"出發"，設定Size: 20。接著點選[Placement]標籤，輸入Y: 0.226，使字幕置於時間碼的下方部位，關閉視窗。

使字幕置於時間碼下方部位

18 點選時間軸的01;00秒處，使編輯線移動至此後，將第4軌道的檔案往後拉，對齊編輯線。

19 以相同的方法將第5軌道的檔案對齊01;29秒處，第6軌道的檔案對齊03;02秒處，在每個檔案的開頭上都套用3秒左右的淡入(fade in)效果。

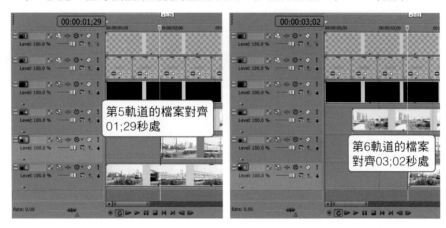

第5軌道的檔案對齊01;29秒處

第6軌道的檔案對齊03;02秒處

20 將所有檔案的末端(⊟)向左拖曳，縮減檔案的長度，以便對齊第2軌道的時間碼字幕末端。

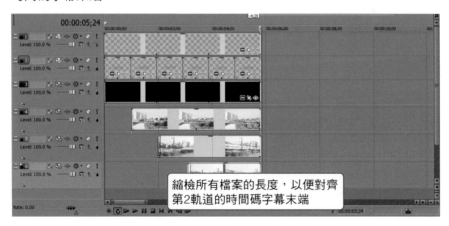

縮檢所有檔案的長度，以便對齊第2軌道的時間碼字幕末端

21 確認最終的結果，可看到時間碼啟動後的場景分別被顯示在分割畫面上的
效果。

結果檔案：[6 Complete Video]/Vegas Pro 12-FIN33.wmv
　　　　　[5 Project]/Vegas Pro 12-33.veg

❼ 學會"如初"燒酒廣告

"如初"燒酒廣告中，我們看到了在小圓球滾動的同時，畫面變換成其他色
彩，最後燒酒瓶出現，頗具俐落幹練感的廣告效果。在Vegas裡，若想呈現
出此類效果，設計過程會有點複雜，但為了培養各位更多樣化地運用Vegas
之能力，在此為大家介紹此廣告的設計方法。

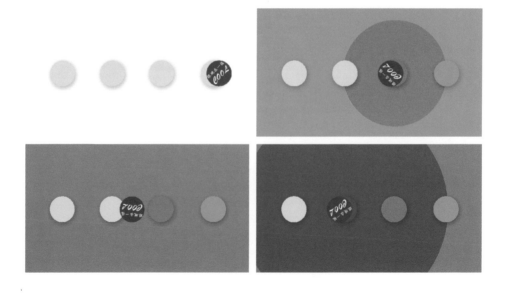

1 建立 Width: 1280、Height: 720 的新專案。從 [Media Generators] 標籤中將 [Solid Color] 的 [White]Preset 置入到時間軸。接著按下 Ctrl + Shift + Q 新增軌道，並且在新增的軌道上按下滑鼠右鍵，選取 [Insert Empty Event]，產生 [Empty Event] 檔案。

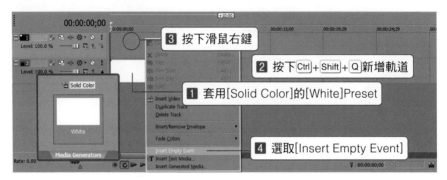

2 從 [Video FX] 標籤中將 [Cookie Cutter] 的 [Circle, Center]Preset 套用在 Empty Event 檔案上。

3 在顯示設定視窗後，輸入 Color: 0, 0.0, 0.88，套用色彩；再輸入 Border: 1.0、Size: 0.040、Center 的左值: 0.840 後，關閉視窗。

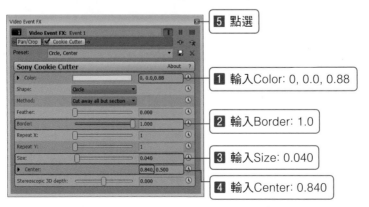

4 點選第1軌道的Track Motion(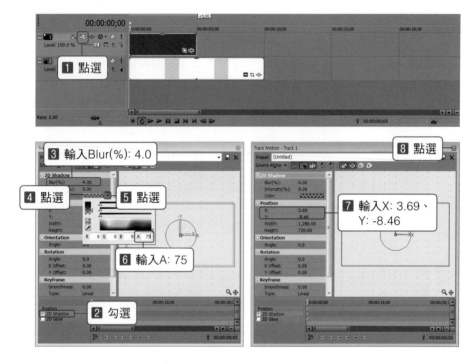)，勾選[2D Shadow]後，輸入Blur(%):
4.0，點選Color的色彩選擇視窗後，點選 ▼ 鈕，輸入A: 75，接著輸入
[Position]的X: 3.69、Y: -8.46後，關閉視窗。

5 在第1軌道清單上按下滑鼠右鍵，選擇[Duplicate Track]，複製軌道。

6 點選被複製的第1軌道檔案的 Event FX(⚙)鈕,將[Center]的左值0.840變更為0.610後,關閉視窗。

7 以相同方法在第1軌道清單上按下滑鼠右鍵,選擇[Duplicate Track],複製軌道;點選被複製的第1軌道檔案的 Event FX(⚙)鈕,將[Center]的左值0.610變更為0.390後,關閉視窗。

8 再次在第1軌道清單上按下滑鼠右鍵,選擇[Duplicate Track],複製軌道;點選被複製的第1軌道檔案的 Event FX(⚙)鈕,將[Center]的左值0.390變更為0.166後,關閉視窗。如此一來,產生了4個圓形。

[反覆軌道的複製過程,製作出4個圓形]

9 按下 Ctrl + Shift + Q,新增3個軌道。接著點選第2和第3軌道的Make Compositing Child(⬇)鈕,與第1軌道建立子母軌關係。

10 在第3軌道上按下滑鼠右鍵,選擇[Insert Empty Event],會產生[Empty Event]檔。

11 從[Video FX]標籤中將[Cookie Cutter]的[Circle, Center]Preset套用在第3軌道的Empty Event檔案上。顯示設定視窗後,輸入[Color]: 264, 0.86, 1.0、Border: 1.0、Size: 0.040,關閉視窗。

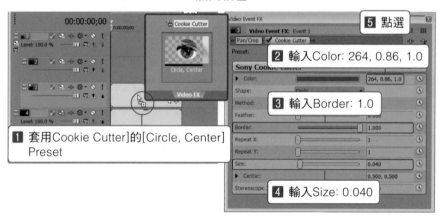

12 從[Media Generators]標籤中將[(Legacy Text)]的[Default Text]Preset置入到第2軌道。在字幕的輸入視窗裡,如範例般輸入"跟現在一樣COOL",設定字體與尺寸,在[Placement]標籤裡調整位置,使字幕置於紫色圓形內後,關閉視窗。

調整位置,使字幕置於紫色圓形內

13 點選第1軌道的Parent Motion()鈕，輸入X: 630.40，點選時間軸的 02;06秒處，輸入X: -719.90。再輸入[Rotation]的Angle: -360後，關閉視窗。

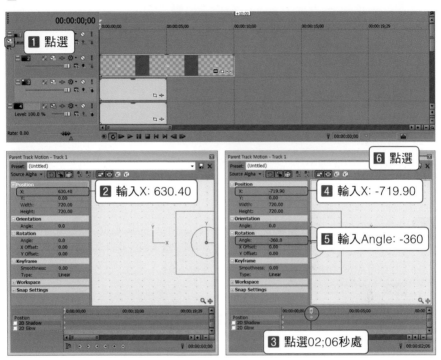

14 在最下方的第8軌道清單上按下滑鼠右鍵，選擇[Insert Video Track]，立即 新增軌道。

15 在被新增的第8軌道上，從[Media Generators]標籤中將[Solid Color]的 [White]Preset置入。輸入[Color]: 0.18, 0.69, 1.0, 1.0，關閉視窗。

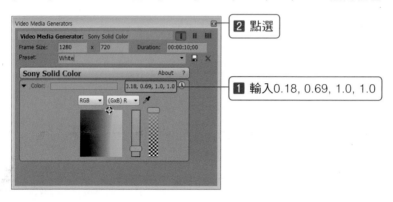

16 接著從[Video FX]標籤中將[Cookie Cutter]的[Circle, Center]Preset套用 在第8軌道的檔案上。顯示設定視窗後，輸入[Color]: 203, 0.82, 1.0，點選 Size的Animate(🕐)，使時間軸出現後，輸入Size: 0.0。再點選[Center]的 🕐後，在0.500處輸入0.840。

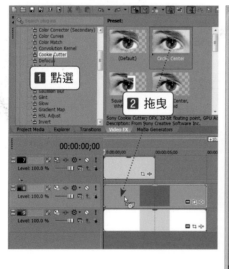

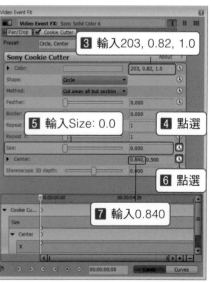

17 接著點選時間軸的00;09秒處，點選Create Keyframe(◈)鈕，再點選時間軸的00;14秒處，輸入Size: 1.0後，關閉視窗。

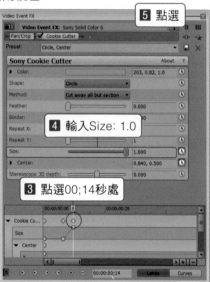

18 在第8軌道清單上按下滑鼠右鍵，選取[Insert Video Track]，立即新增軌道後，在被新增的軌道上，從[Media Generators]標籤中將[Solid Color]的[Orange]Preset置入，關閉視窗。

19 從[Video FX]標籤中將[Cookie Cutter]的[Circle, Center]Preset套用在第8軌道的檔案上。顯示設定視窗後，在[Color]處輸入30, 1.0, 0.97，點選Size的Animate(◐)，使時間軸出現後，輸入Size: 0.0。再點選[Center]的◐後，在0.500處輸入0.610。

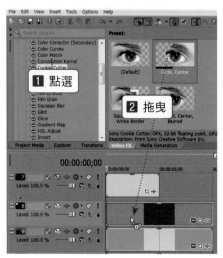
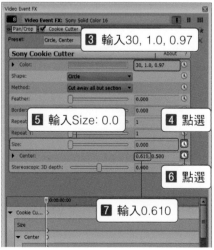

20 再次點選時間軸的00;24秒處，點選 Create Keyframe(◈)鈕，再點選時間軸的00;29秒處，輸入 Size: 1.0後，關閉視窗。

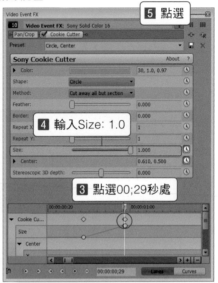

21 以相同方法，在第8軌道清單上按下滑鼠右鍵，選取[Insert Video Track]，立即新增軌道，在被新增的軌道上，從[Media Generators]標籤中將[Solid Color]的[Magenta]Preset置入，關閉視窗。

22 從[Video FX]標籤中將[Cookie Cutter]的[Circle, Center]Preset套用在第8軌道的檔案上。顯示設定視窗後，輸入[Color]: 300, 1.0, 0.99，點選 Size 的Animate(◐)，使時間軸出現後，輸入 Size: 0.0。並且在點選[Center]的◐後，在0.500處輸入0.390。

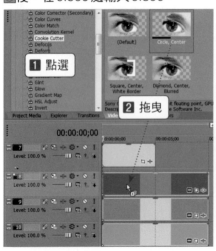
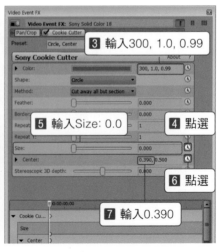

23 再次點選時間軸的01;07秒處,點選 Create Keyframe(◈)鈕,再點選時間軸的01;12秒處,輸入 Size: 1.0,關閉視窗。

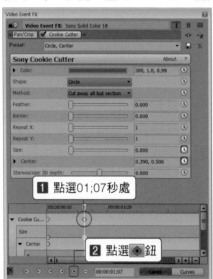

24 點選第7軌道 Empty Event 檔案的 Event FX(◉◉),在出現的設定視窗裡,點選 [Color] 的 Animate(◎),打開時間軸後,點選時間軸的00;09秒處,點選 Create Keyframe(◈)鈕後,再點選時間軸的00;10秒處,輸入 [Color]: 203, 0.82, 1.0,關閉視窗。

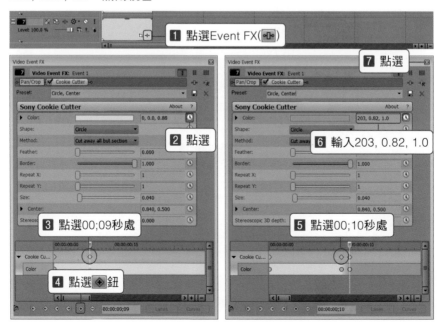

25 點選第6軌道Empty Event檔案的Event FX(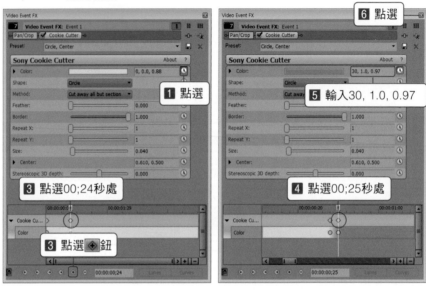)，在出現的設定視窗裡，點選[Color]的Animate(○)，打開時間軸後，點選時間軸的00;24秒處，點選Create Keyframe(◆)鈕後，再點選時間軸的00;25秒處，輸入[Color]: 30, 1.0, 0.97，關閉視窗。

26 點選第5軌道Empty Event檔案的Event FX()，在出現的設定視窗裡，點選[Color]的Animate(○)，打開時間軸後，點選時間軸的01;08秒處，點選Create Keyframe(◆)鈕後，再點選時間軸的01;09秒處，輸入[Color]: 300, 1.0, 0.99，關閉視窗。

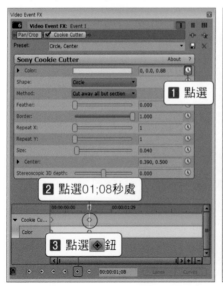

27 按下 Ctrl + Shift + Q 新增軌道後，從 [2 Photo] 資料夾中將 IMG_51.jpg 檔案置入到軌道。從 [Video FX] 標籤中將 [Cookie Cutter] 的 [Circle, Center] Preset 套用在檔案上。顯示設定視窗後，點選 Size 的 Animate( ),打開時間軸後，點選時間軸的 01;09 秒處，再點選 Create Keyframe( ) 鈕。

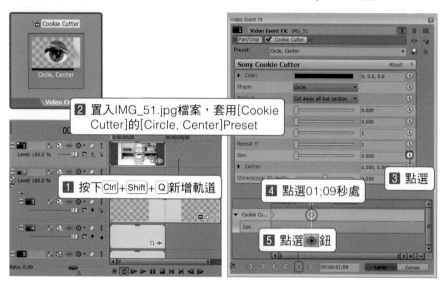

2 置入 IMG_51.jpg 檔案，套用 [Cookie Cutter] 的 [Circle, Center]Preset

1 按下 Ctrl + Shift + Q 新增軌道

3 點選

4 點選 01;09 秒處

5 點選 鈕

28 點選時間軸的 02;25 秒處，輸入 Size: 1.0 後，關閉視窗。

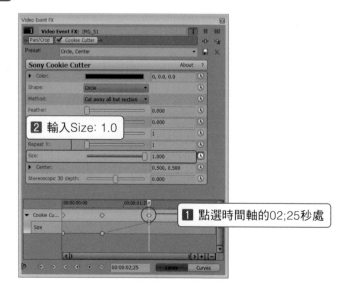

2 輸入 Size: 1.0

1 點選時間軸的 02;25 秒處

29 檢視最終結果，可看到小圓球滾動的同時，畫面變換成其他色彩，最後照片出現的廣告效果。

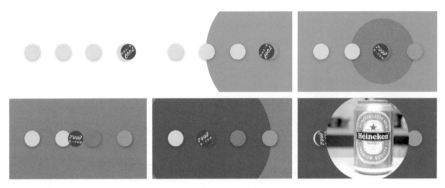

結果檔案：[6 Complete Video]/Vegas Pro 12-FIN34.wmv
　　　　　　[5 Project]/Vegas Pro 12-34.veg

8 學會西服GALAXY廣告

在Pierce Brosnan主演的GALAXY廣告裡，字幕配合著音樂顯現出來，影像風格的呈現雖是單純地旋轉畫面方盒，卻是相當地乾淨俐落。在此為大家介紹製作畫面方盒旋轉效果的方法。

1 建立 Width: 1280、Height: 720 的新專案。按下 Ctrl + Shift + Q 新增 5 個軌道，從 [2 Photo] 資料夾中將 IMG_56~IMG_59.jpg 檔案置入到第 2～第 5 軌道。

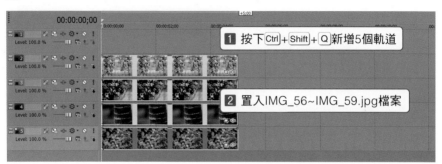

2 點選第 2～第 5 軌道的 Make Compositing Child(■) 鈕，與第 1 軌道建立子母軌關係。

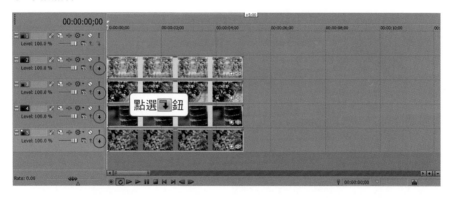

3 按下 Ctrl + A，選取所有的軌道後，點選第 1 軌道的 Compositing Mode(■) 鈕，選擇 [3D Source Alpha]，切換成 3D 模式(■)，也在第 1 軌道的 Parent Compositing Mode(■) 上進行同樣的操作。

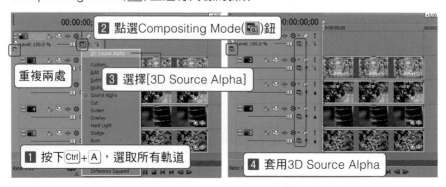

4 在所有選取中的檔案上按下滑鼠右鍵後,選擇[Switched]-[Maintain Aspect Ratio]。

5 點選第2軌道檔案的Event Pan/Crop(🔲)後,在F畫面上按下滑鼠右鍵,選擇[Match Output Aspect],關閉視窗。其餘的軌道檔案也套用相同設定。

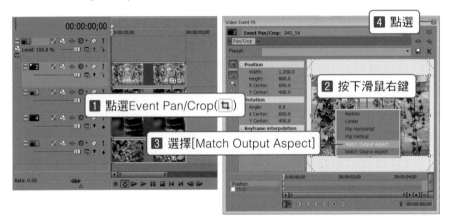

6 點選第2軌道的Track Motion(🔳),在Track Motion視窗裡,輸入[Orientation]的Y: 90、[Position] 的X: 640,關閉視窗。

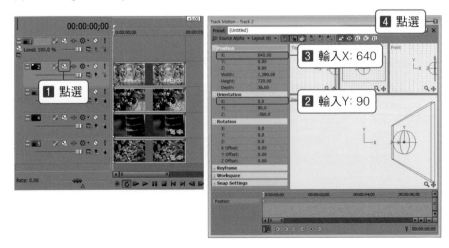

7 點選第3軌道的Track Motion(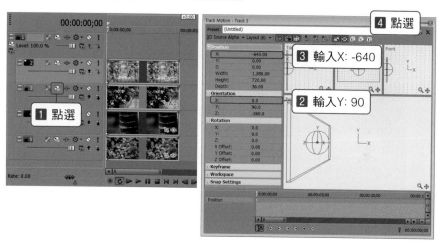)，在Track Motion視窗裡，輸入[Orientation]
的Y: 90、[Position]的X: -640，關閉視窗。

8 點選第4軌道的Track Motion(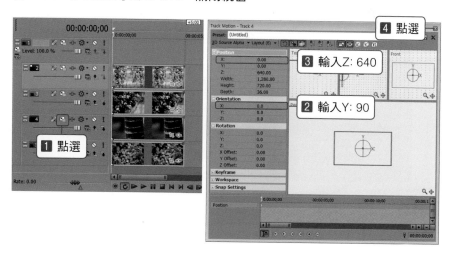)，在Track Motion視窗裡，輸入[Orientation]
的Y: 90、[Position]的Z: 640，關閉視窗。

9 點選第5軌道的Track Motion(⊞)，在Track Motion視窗裡，輸入[Position]
的Z: -640，關閉視窗。

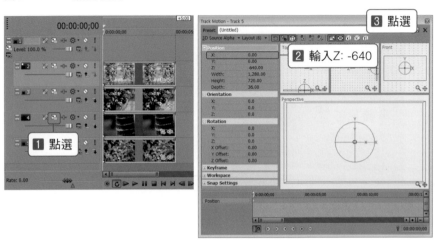

10 將4個軌道的檔案末端(⊞)向右拖曳，延伸為30秒的長度。

將檔案的末端延伸為
30秒的長度

11 接著，點選被第1軌道所包圍的Parent Motion(⬚)，輸入[Position]的Z: 640，點選時間軸的08;15秒處，再點選Create Keyframe(◆)鈕。

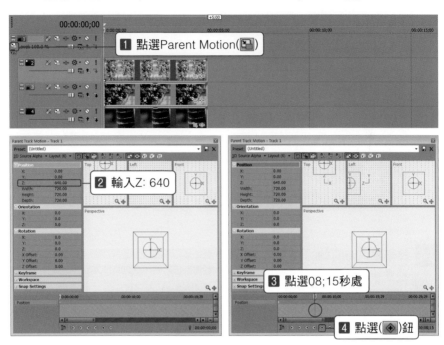

12 點選時間軸的09;05秒處，輸入[Rotation]的Y: -90。再點選時間軸的12;10 秒處，點選Create Keyframe(◆)鈕。

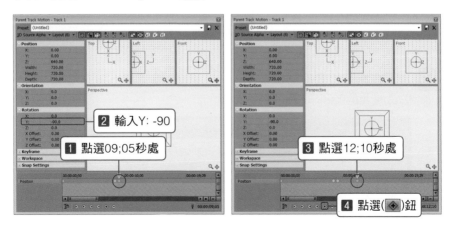

13 接著點選時間軸的13;01秒處，輸入[Rotation]的Y: -180。再點選時間軸的15;07秒處，點選Create Keyframe()鈕。

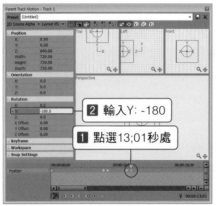
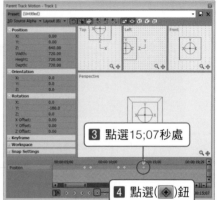

14 接著點選時間軸的15;26秒處後，輸入[Rotation]的Y: -270，關閉視窗。如此一來，則完成了90度畫面方盒迴轉的動作。

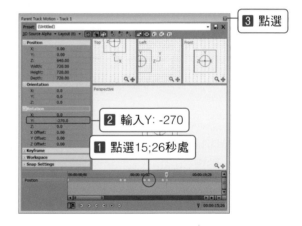

15 為了在相同的畫面上賦予字幕，在第5軌道清單上按下滑鼠右鍵，選擇[Duplicate Track]，複製軌道。

16 在[Media Generators]標籤中，將[(Legacy Text)]的[Default Text]Preset按住滑鼠右鍵不放，然後拖曳到第5軌道的檔案上才放開手。在出現的視窗中選擇[Add as Takes]。

17 顯示字幕輸入視窗後，輸入要出現畫面上的字幕，再點選[Placement]標籤，調整字幕至想要的位置後，關閉視窗。

18 為了再增加字幕，在第6軌道清單上按下滑鼠右鍵，選擇[Duplicate Track]，複製軌道。

19 接著以相同的方法，在[Media Generators]標籤中將[(Legacy Text)]的 [Default Text]Preset按住滑鼠右鍵不放，然後拖曳到被複製的第6軌道之 檔案上才放開手。在出現的視窗中選擇[Add as Takes]。在字幕輸入視窗 裡輸入字幕，再點選[Placement]標籤，調整字幕至想要的位置後，關閉視 窗。

Note 加入數行字幕

若要像GALAXY CF一樣，依序顯示數行字幕的話，就要重複上述步驟， 複製視訊軌道，一一增加字幕。

20 欲使字幕依序出現，將字幕檔案的前端(🔁)向右側拖曳，使字幕的起點出現在想要的時間點上，如圖般縮減字幕檔案的長度。

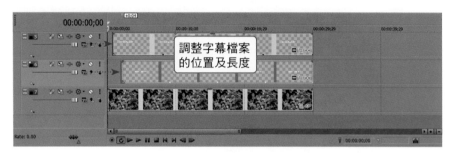

調整字幕檔案的位置及長度

21 其他的影像畫面也以相同的方法來複製軌道並置入字幕，配合影像轉回來的位置來排列字幕，設計出字幕與畫面一起旋轉的效果。

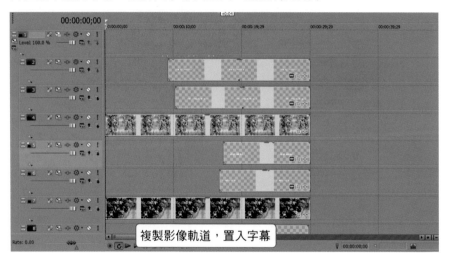

複製影像軌道，置入字幕

翻轉的軌道回復為原始的畫面

第3、第4軌道與原始的影像不同,呈現左右翻轉的現象,若想回復到原始的畫面,點選被翻轉的軌道之Track Motion後,在畫面上按下滑鼠右鍵,選擇[Flip Horizontal]。如此一來,就會回復到與原檔相同的畫面了。

1 點選左右翻轉的軌道之
Track Motion鈕

2 按下滑鼠右鍵

3 選擇

[左右翻轉的影像]

[回復到原始畫面的狀態]

22 檢視最終的結果,可看到如廣告般,字幕出現後與影像畫面旋轉離去,接著出現另一組影像和字幕的旋轉切換效果。

結果檔案:[6 Complete Video]/Vegas Pro 12-FIN35.wmv
　　　　　[5 Project]/Vegas Pro 12-35.veg

❾ 新聞頁面旋轉效果

我們常在電影或 MV 裡，看到報紙快速旋轉出來告知資訊的畫面，在此為大家介紹此類特效的製作方法。

1 先在 Photoshop 裡如圖般設計報紙外框並在畫面的中央製作出合成影像或照片的空間，儲存成 PNG 檔案。

[2 Photo]資料夾的Newspaper.png檔案

2 執行Vegas，建立新專案後，按下 Ctrl + Shift + Q，新增3個軌道；在第2軌
道裡置入 [2 Photo] 資料夾的Newspaper.png檔案；在第3軌道裡置入要合
成於報紙畫面的影像或照片 ([2 Photo]/IMG_52.jpg) 檔案。

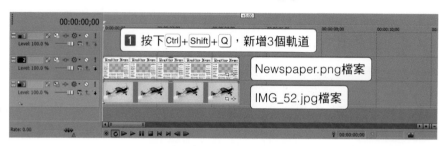

3 點選第2、第3軌道的Make Compositing Child(⬇)鈕，與第1軌道建立子
母軌關係。

4 接著點選所有軌道的Compositing Mode(🔲)，選擇 [3D Source Alpha]，
切換成3D模式。

5 點選第3軌道的 Track Motion(🔳)，輸入Width: 650或調整畫面方盒的尺寸，縮小畫面尺寸使影像畫面得以配置於報紙中央的空位後，關閉視窗。

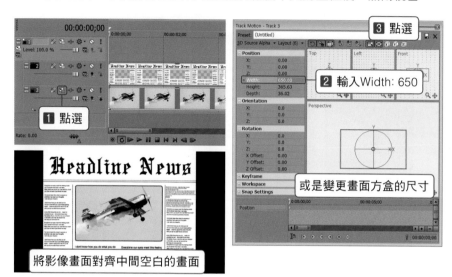

6 點選被第1軌道所包圍的 Parent Motion(🔳)，輸入Z: 4000。

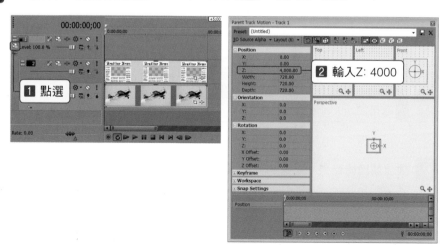

7 接著點選時間軸的01;10秒處，輸入[Position]的Z: 300、[Rotation]的Z: -1080後，關閉視窗。

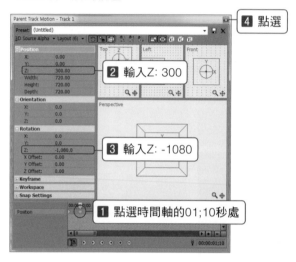

8 從[Video FX]標籤裡中將[Black and White]的[100% Black and White] Preset套用在第3軌道的檔案上，關閉視窗。

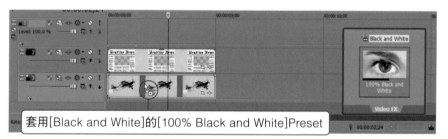

9 播放並檢視結果，可看到報紙快速旋轉並從畫面中央顯示出來的效果。

結果檔案：[6 Complete Video]/Vegas Pro 12-FIN36.wmv

[5 Project]/Vegas Pro 12-36.veg

⑩ 學會 Channel N Lineup 翻頁特效

觀看 Channel N 播放的 Lineup 廣告時，可看到複數頁面的翻頁效果，只要使用 Vegas 的 Transitions 效果的 Page Peel，就能製作出此類的影像技術。

1 建立新專案後，從 [Media Generators] 標籤中將 [Solid Color] 的 [White] Preset 置入到時間軸後，在出現的設定視窗裡輸入 [Color]: 0.27, 0.27, 0.27, 1.0 後，關閉視窗。

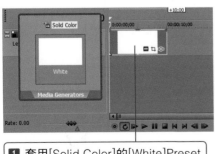

1 套用 [Solid Color] 的 [White]Preset

3 點選

2 輸入 Color: 0.27, 0.27, 0.27, 1.0

2 從[Video FX]標籤中將[Cookie Cutter]的[Grate]Preset套用在Solid Color的檔案後，在出現的設定面板中選擇Shape: Circle，輸入Border: 1.0、Size: 0.010，關閉視窗。

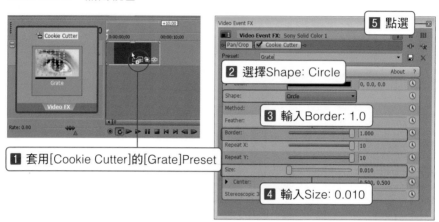

3 在[Video FX]標籤中將[Newsprint]的[Color Print]Preset套用在Solid Color檔案，顯示設定視窗後，輸入[Dot Size]: 0.024，關閉視窗。

4 點選時間軸的02;18秒處，使編輯線移動至此後，將檔案末端(⤷)拖曳至編輯線，縮減長度，再將滑鼠移到檔案末端的上方，指標圖示變為⤶形狀時，向左拖曳，套用淡出效果。

5 從[Transitions]標籤中將[Page Peel]的[Bottom-Left, Medium Fold]Preset
套用在淡出部分。

套用[Page Peel]的[Bottom-Left, Medium Fold]Preset

6 顯示設定視窗後，輸入Peel angle: 153.822、Fold radius: 0.627、Peel
opacity: 1.0、Perspective: 0.0，關閉視窗。

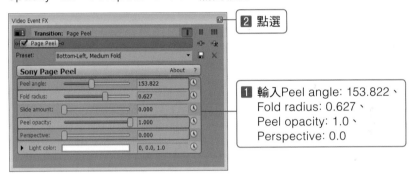

2 點選

1 輸入Peel angle: 153.822、
Fold radius: 0.627、
Peel opacity: 1.0、
Perspective: 0.0

7 在檔案上按下滑鼠右鍵，選擇[Insert Remove Envelope]-[Transition
Progress]。

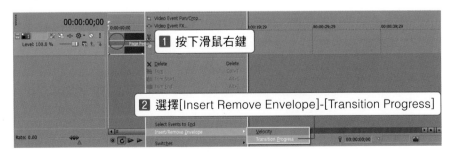

1 按下滑鼠右鍵

2 選擇[Insert Remove Envelope]-[Transition Progress]

8 如此一來，會出現一條紫色線，按二下時間軸00;15秒處的紫色線，會產生控制點，再次按二下時間軸01;22秒處的紫色線，也會產生控制點。點選產生的控制點，將前側的控制點向上拉，後側的控制點向下拉。

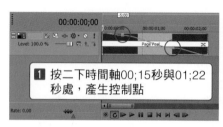

1 按二下時間軸00;15秒與01;22秒處，產生控制點

2 調整控制點往上及往下

9 按下 Ctrl + Shift + Q 新增軌道，點選檔案，按下 Ctrl + C 進行複製，在新增的軌道上按下 Ctrl + V，在出現的視窗裡點選[OK]，貼上檔案。

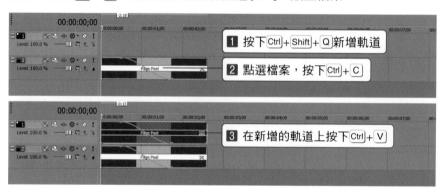

1 按下 Ctrl + Shift + Q 新增軌道

2 點選檔案，按下 Ctrl + C

3 在新增的軌道上按下 Ctrl + V

10 從[Media Generators]標籤中將[Solid Color]的[White]按著滑鼠右鍵不放，並拖曳到第1軌道的檔案上，再放開手。在出現的視窗裡，選擇[Add as Takes]。接著在顯示設定視窗後，輸入[Color]: 0.19, 0.74, 0.85, 1.0，關閉視窗。

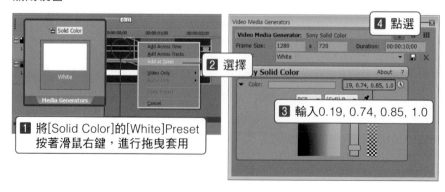

4 點選

2 選擇

3 輸入0.19, 0.74, 0.85, 1.0

1 將[Solid Color]的[White]Preset按著滑鼠右鍵，進行拖曳套用

11 按下 Ctrl + Shift + Q 新增軌道，點選第2軌道的檔案，按下 Ctrl + C 進行複製，在新增的軌道上按下 Ctrl + V，在出現的視窗裡點選[OK]，貼上檔案。透過與前述同樣的方法，從[Media Generators]標籤中將[Solid Color]的[White]按著滑鼠右鍵不放，並拖曳到第1軌道的檔案上，再放開手。在出現的視窗裡，選擇[Add as Takes]，換成[White]Preset 檔案。

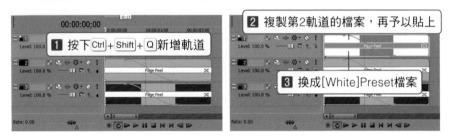

12 點選時間軸的02;26秒處，將第2軌道的檔案向右拖曳，使其移動對齊編輯線；再次點選間軸的03;04秒處，使第1軌道的檔案移動對齊編輯線。接著點選[White]Preset 的 ⚙，輸入 Color: 0, 0.0, 0.27，關閉視窗。

13 再次按下 Ctrl + Shift + Q 新增軌道。透過和前面步驟相同的方法，點選第2軌道的檔案，按下 Ctrl + C 進行複製，在新增的軌道上按下 Ctrl + V，貼上檔案。

14 從[Media Generators]標籤中將[(Legacy Text)]的[Default Text]Preset按著滑鼠右鍵不放,並拖曳到第1軌道的檔案上,再放開手。在出現的視窗裡,選擇[Add as Takes],進行檔案的交換。

15 在字幕輸入視窗裡輸入"CH12",設定字體(Impact)與尺寸(180)後,點選[Properties]標籤,輸入Text Color的R: 68, G: 68, B: 68, A: 255,輸入Background Color的R: 39, G: 180, B: 216, A: 255,關閉視窗。

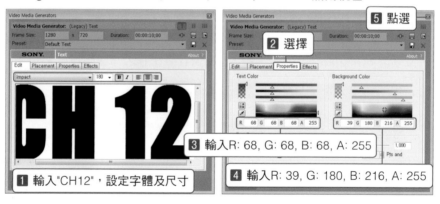

16 將字幕檔案向右拖曳,使其移動對齊至時間軸的03;12秒處後,點選檔案末端(⊢+),延長長度至時間軸的06;05秒,將中間的Fade部分拖曳至檔案的起點,套用淡出。

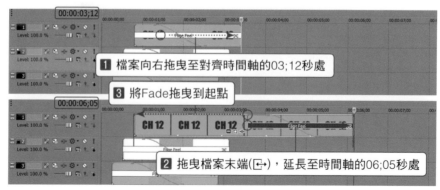

17 接著點選字幕檔案的 ，輸入 Peel angle: 137.754、Fold radius: 0.314、Peel opacity: 1.0、Perspective:1.0，關閉視窗。

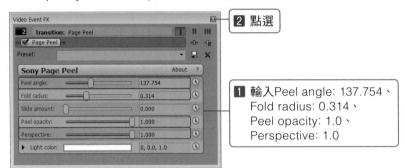

2 點選

1 輸入Peel angle: 137.754、Fold radius: 0.314、Peel opacity: 1.0、Perspective: 1.0

18 拖曳第2個控制點至01;06秒處，按二下時間軸的02;08秒處的紫色線，產生控制點後，向下拖曳，拉到如圖般的位置。再次按二下時間軸02;18秒處，將控制點向下拉。接著按二下時間軸的03;16秒處，產生控制點後，下拉到如圖般的位置。

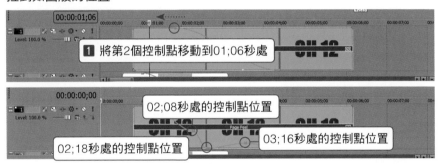

1 將第2個控制點移動到01;06秒處

02;08秒處的控制點位置

02;18秒處的控制點位置

03;16秒處的控制點位置

19 點選04;11秒處的控制點，移到05;08秒處，如圖般向上拖曳，調整位置。

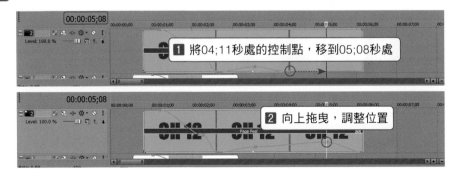

1 將04;11秒處的控制點，移到05;08秒處

2 向上拖曳，調整位置

20 按二下05;13秒處,產生最後一個控制點。

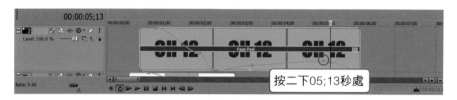

21 按下 Ctrl + Shift + Q 新增軌道,點選時間軸的02;18秒處,配置編輯線。再從[Media Generators]標籤中將[(Legacy Text)]的[Default Text]Preset對齊編輯線置入。

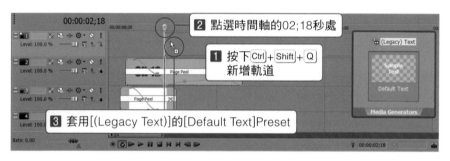

22 在字幕輸入視窗裡,輸入 "FEBRUARY",設定字體(Arial)與尺寸(126)後,點選[Properties]標籤,輸入 Text Color 的R: 178, G: 247, B: 255, A: 255。

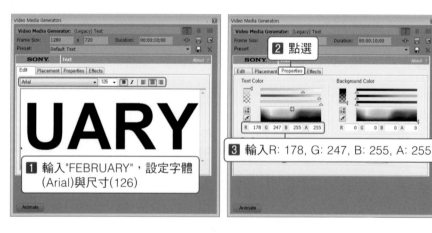

23 接著點選 [Placement] 標籤，輸入 X: 1.623、Y: 0.749，點選時間軸的 03;00 秒處，輸入 X: -2.111，設計字幕從右側移動到左側的動畫後，關閉視窗。

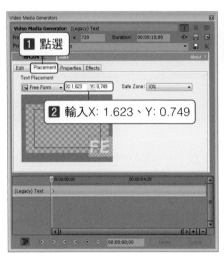

24 點選字幕檔案的 Event Pan/Crop(⊡) 後，勾選 Mask 後，對位於左下的三角形套用遮罩，接著輸入 Mode: Negative、Feather type: Both、Feather(%): 9.0，關閉視窗。

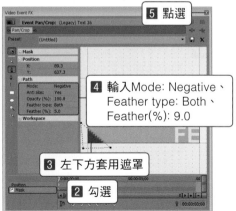

25 滑鼠移到檔案上方,指標變成 ♨ 時,向下拖曳,並調整透明度為65%。

26 在第5軌道的下方置入影像或照片。從[Media Generators]標籤中將[Solid Color]的[White]Preset置入到第3軌道檔案的末端。

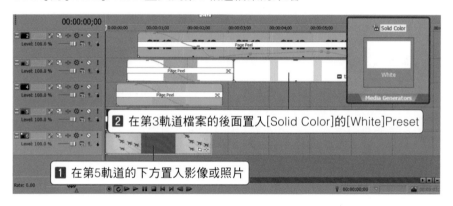

27 檢視最終的結果,可看到數張頁面快速翻頁,最後一頁又輕輕地掀起了一角的頁面效果。

結果檔案:[6 Complete Video]/Vegas Pro 12-FIN37.wmv
　　　　[5 Project]/Vegas Pro 12-37.veg

Vegas Pro Technic Book

3D Track Motion活用技巧

06
Lesson

① 16分割畫面Motion技巧

製作16分割畫面,套用斜向移動的Motion,呈現出分割畫面中的照片逐張移動播放的效果。

1 先點選上方選單的[File]-[New],設定Width: 1280、Height: 720、Pixel aspect: 1.000(Square),建立專案。

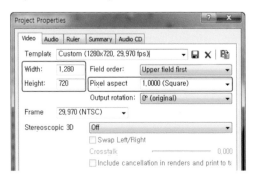

2 按下鍵盤 Ctrl + Shift + Q，共新增17個軌道，維持第1軌道空白，從第2軌道到第17軌道，置入[2 Photo]資料夾裡的IMG_73~IMG_88.jpg等檔案。

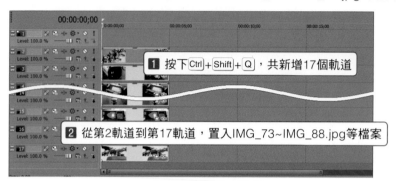

1 按下 Ctrl + Shift + Q，共新增17個軌道

2 從第2軌道到第17軌道，置入IMG_73~IMG_88.jpg等檔案

3 按下鍵盤 Ctrl + A 來選取所有的檔案後，在檔案上按下滑鼠右鍵，在[Switches]裡點選[Maintain Aspect Ratio]，讓照片符合整個畫面顯示。

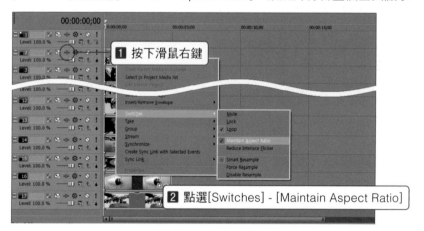

1 按下滑鼠右鍵

2 點選[Switches] - [Maintain Aspect Ratio]

Note Maintain Aspect Ratio/ 維持照片的寬高比例

• 當載入照片或影片檔案時，最好在檔案上按下滑鼠右鍵，點選[Switches] - [Maintain Aspect Ratio]（取消勾選）。檔案的解析度或尺寸不同時，在分割畫面下會因彼此的尺寸差異，而使得檔案之間產生空白的間隙。這個步驟的目的就是要讓所有的照片檔案都能夠填滿整個預覽畫面，不會產生空白的間隙。

• 如果使用無法填滿預覽畫面的照片檔時，一定要在檔案上點選Event Pan/Crop(▢)鈕，然後在F畫面上按下滑鼠右鍵，點選[Match Output Aspect]即可。

4 在所有軌道被選取的狀態下，點選第2軌道的Make Compositing Child(◢)
鈕，將所有軌道合成至第1軌道。再點選Compositing Mode(◱)鈕，選擇
裡面的[3D Source Alpha]，將所有軌道轉換成3D模式(◳)。

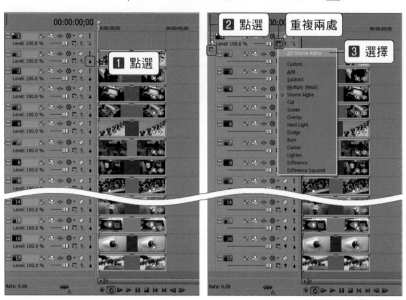

5 逐一點選要陳列在16分割畫面第1列的第2、3、4、5軌道的Track
Motion(◱)鈕，套用刊載在下表中的尺寸和位置的數值。

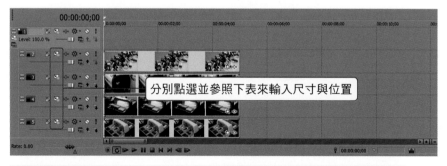

項目		第2軌道	第3軌道	第4軌道	第5軌道
Position	X	-480	-160	160	480
	Y	270	270	270	270
	Width	320			
	Height	180			

6 逐一點選要陳列在16分割畫面第2列的第6、7、8、9軌道的Track Motion(🖼)鈕，套用刊載在下表中的尺寸和位置的數值。

分別點選並參照下表來輸入尺寸與位置

項目		第6軌道	第7軌道	第8軌道	第9軌道
Position	X	-480	-160	160	480
	Y	90	90	90	90
	Width	320			
	Height	180			

7 逐一點選要陳列在16分割畫面第3列的第10、11、12、13軌道的Track Motion(🖼)鈕，套用刊載在下表中的尺寸和位置的數值。

分別點選並參照下表來輸入尺寸與位置

項目		第10軌道	第11軌道	第12軌道	第13軌道
Position	X	-480	-160	160	480
	Y	-90	-90	-90	-90
	Width	320			
	Height	180			

8 逐一點選要陳列在16分割畫面第4列的第14、15、16、17軌道的Track Motion()鈕,套用刊載在下表中的尺寸和位置的數值。

項目		第14軌道	第15軌道	第16軌道	第17軌道
Position	X	-480	-160	160	480
	Y	-270	-270	-270	-270
	Width	320			
	Height	180			

9 分別點選被置入軌道的檔案之Track Motion,輸入尺寸與位置的數值後,如下般畫面會平均分配16張照片,製作成16分割畫面。

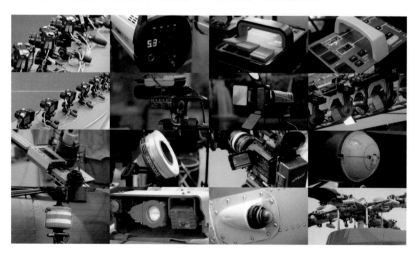

10 點選時間軸的40;00秒處，使編輯線移動至此後，將所有檔案的末端拖曳到編輯線為止，拉長檔案的長度。

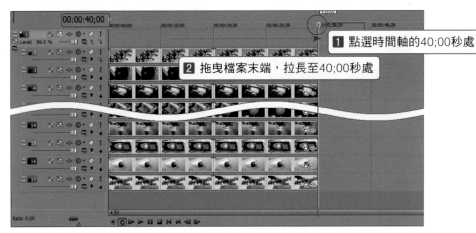

1 點選時間軸的40;00秒處

2 拖曳檔案末端，拉長至40;00秒處

11 為了一邊斜向移動一邊套用穿越分割畫面的Motion，點選合成至第1軌道的Parent Motion( )鈕，輸入[Position]的X: 460、Y: -270、Z: - 400，以及輸入[Orientation]的Y: 22.0，使畫面傾斜。

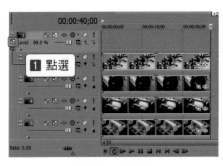

1 點選

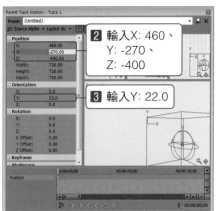

2 輸入X: 460、
Y: -270、
Z: -400

3 輸入Y: 22.0

12 點選時間軸的06;10秒處，輸入[Position]的X: -360、Y: -288、Z: - 700，套用移動到畫面右側的Motion；再次點選時間軸的08;10秒處，輸入Y: -98，套用移至下一列的Motion。

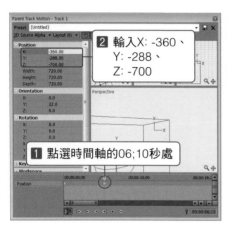

13 接著點選時間軸的14;10秒處，輸入[Position]的X: 495、Z: -400，套用移動到畫面左側的Motion；再次點選時間軸的16;10秒處，輸入Y: 95，套用移至下一列的Motion。

14 點選時間軸的22;10秒處，輸入[Position]的X: -360、Z: -700，套用移動到畫面右側的Motion；再次點選時間軸的24;10秒處，輸入Y: 250，套用移至下一列的Motion。

15 最後，點選時間軸的30;10秒處，輸入[Position]的X: 495、Z: -400，套用移動到畫面左側的Motion，關閉視窗。

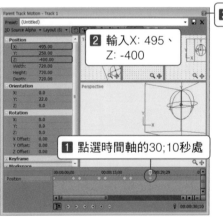

16 在第17軌道的下方空間置入[2 Photo]資料夾裡的IMG_89.jpg背景色檔案。

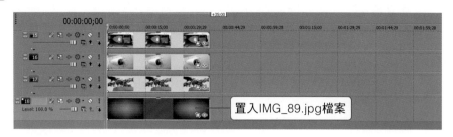

置入IMG_89.jpg檔案

17 檢視最終的結果，可看到畫面中傾斜的16分割畫面從第1列開始由左向右移動，套用著顯示分割畫面中的照片之Motion。

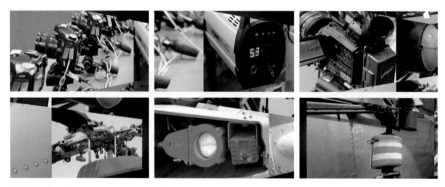

結果檔案：[6 Complete Video]/Vegas Pro 12-FIN44.wmv
　　　　　[5 Project]/Vegas Pro 12-44.veg

❷ 製作長方形的畫面方盒

一旦運用3D Track Motion，可製作正方形或長方形的畫面方盒，而且也能夠以正方體形態來進行畫面演出。在這次的課程中，將說明製作長方形方盒的方法。

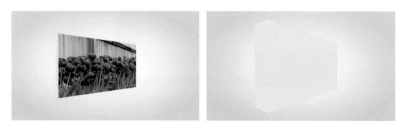

1 開新檔案，設定Width: 1280、Height: 720、Pixel aspect: 1.000(Square)，
建立專案。接著按下 Ctrl + Shift + Q，共新增7個軌道。在第2軌道中置
入[2 Photo]資料夾裡的IMG_90.jpg檔案，第3到第7軌道則從[Media
Generators]標籤中將[Solid Color]的[Yellow]Preset置入。

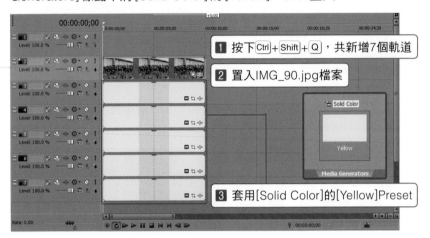

2 按下鍵盤 Ctrl + A，選取所有的檔案後，在檔案上按下滑鼠右鍵，點選
[Switches]-[Maintain Aspect Ratio]，讓檔案符合整個頁面顯示。

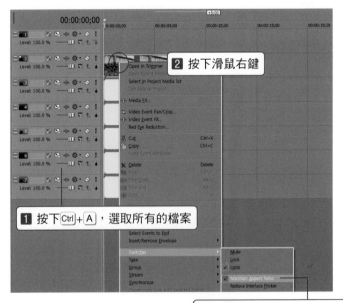

3 點選第2軌道檔案的Event Pan/Crop(□)後，在F畫面上按下滑鼠右鍵，
選擇[Match Output Aspect]，關閉視窗。

4 點選第2軌道的Make Compositing Child(↓)鈕，將所有的軌道合成到第1
軌道，再點選Compositing Mode(▣)鈕，選擇裡面的[3D Source Alpha]，
將所有的軌道轉換成3D模式(▣)。

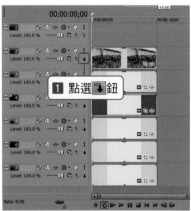
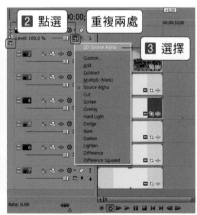

5 點選第2軌道的Track Motion(■)，輸入Width: 600，設定主要畫面方盒的尺寸後，關閉視窗。

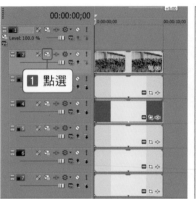
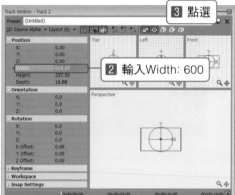

6 點選第3軌道的Track Motion(■)，輸入Width: 600、Z: 100，製作方盒的背面，關閉視窗。

製作背面

7 點選第4軌道的Track Motion(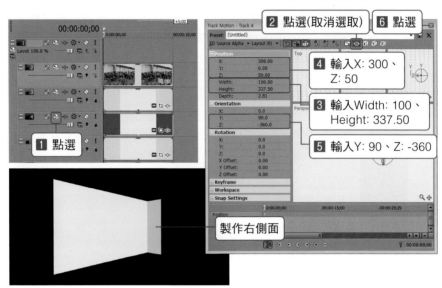)，點選畫面上方的Lock Aspect Ratio(□)（取消選取），輸入Width: 100、Height: 337.50、X: 300、Z: 50後，再輸入[Orientation]的Y: 90、Z: -360，製作方盒的右側面，關閉視窗。

8 點選第5軌道的Track Motion(□)後，輸入Width: 100、Height: 337.50、X: -300、Z: 50，再輸入[Orientation]的Y: 90、Z: -360，製作方盒的左側面，關閉視窗。

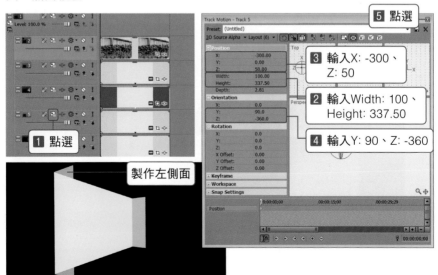

9 點選第6軌道的Track Motion(⬚)後，輸入Width: 100、Height: 600、Y: 168、Z: 50，再輸入[Orientation]的Y: -90、Z: 90，製作方盒的上面，關閉視窗。

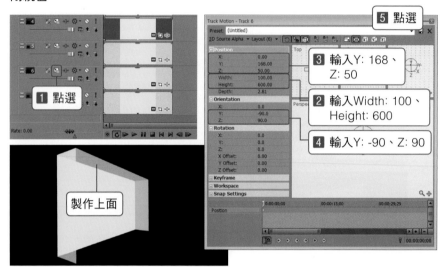

10 點選第7軌道的Track Motion(⬚)後，輸入Width: 100、Height: 600、Y: -168、Z: 50，再輸入[Orientation]的Y: -90、Z: 90，製作方盒的下面，關閉視窗。

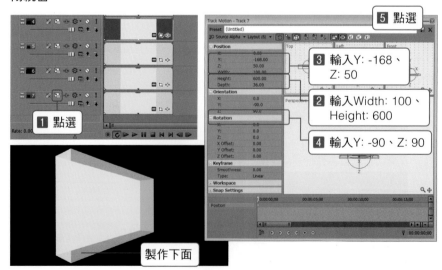

11 為了套用Motion，點選合成至第1軌道的Parent Motion()，輸入[Position]的Z: - 900。

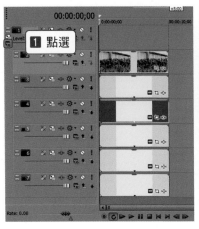

12 點選時間軸的03;00秒處，輸入Z: 300，以及輸入[Rotation]的Y: 327。接著點選時間軸的06;15秒處，輸入Z: 0.0，以及輸入[Rotation]的Y: 752後，關閉視窗。

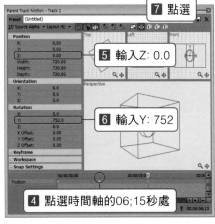

13 在第7軌道的下方空間上，從[Media Generators]標籤中將[Color Gradient]的[Sunburst]Preset置入。在顯示的設定視窗後，點選Point①處，輸入R: 255, G: 255, B: 255, A: 255，點選Point②處，輸入R: 187, G: 187, B: 187, A: 255，設定背景色後，關閉視窗。

14 從[Video FX]標籤中將[Soft Contrast]的[Soft Moderate Contrast]Preset套用在第8軌道的背景色檔案上後，關閉視窗。

15 檢視最終的結果，可看到長方形的畫面方盒從畫面外旋入畫面內的動態影片效果。

結果檔案：[6 Complete Video]/Vegas Pro 12-FIN45.wmv
　　　　　[5 Project]/Vegas Pro 12-45.veg

③ 製作相簿翻頁效果

製作成長影片或靜態影片時，喜歡使用的效果之一。在此將介紹相簿製作的方法與相簿中的相片展示效果。

1 開新檔案，設定Width: 1280、Height: 720、Pixel aspect: 1.000(Square)，建立專案。接著按下 Ctrl + Shift + Q，共新增3個軌道。在第2軌道置入要當作相簿書封使用的IMG_96.jpg檔案；在第3軌道置入要當作相簿內頁的IMG_97.jpg檔案。

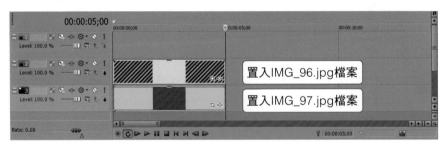

置入IMG_96.jpg檔案

置入IMG_97.jpg檔案

2 按下 Ctrl + A，選取所有的檔案後，在檔案上按下滑鼠右鍵，選擇[Switches]-[Maintain Aspect Ratio]。

3 選擇

2 按下 Ctrl + A，選取所有的檔案

1 按下滑鼠右鍵

3 點選第2軌道的Make Compositing Child(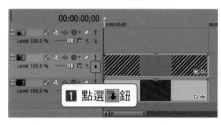鈕，將軌道合成至第1軌道，建立子母軌關係。接著按下Ctrl+A，選取所有的軌道後，點選Compositing Mode(鈕)，再選擇裡面的[3D Source Alpha]，將所有的軌道轉換成3D模式(鈕)。

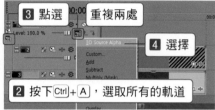

4 選取第2軌道的檔案，從[Video FX]標籤中將[Soft Contrast]的[Soft Moderate Contrast]Preset套用在第2軌道的檔案上。

5 顯示設定視窗後，點選[Vignette]標籤，選擇Exterior effect: Transparent，再輸入Softness: 0.0、Width: 00、Height: 00、Corner radius: 0.0、X position: 100，關閉視窗。

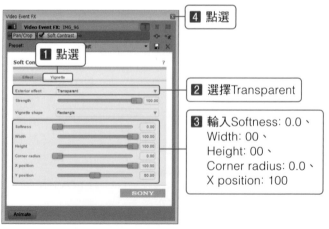

6 第3軌道的檔案也從[Video FX]標籤中套用[Soft Contrast]的[Soft Moderate Contrast]Preset，其設定值並與第2軌道所套用的設定值相同。

套用[Soft Moderate Contrast]Preset在第3軌道的檔案上，其設定值與第2軌道的檔案相同

7 為了套用翻頁效果，點選合成至第1軌道的Parent Motion(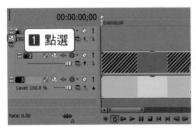)，點選時間軸的03;15秒處，輸入[Rotation]的Y: -180後，關閉視窗。

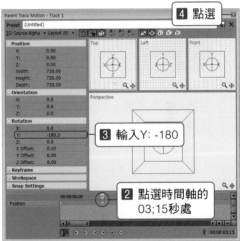

1 點選

4 點選

3 輸入Y: -180

2 點選時間軸的 03;15秒處

8 點選第3軌道清單，選取此軌道後，按一下滑鼠右鍵，選擇[Duplicate Track]，複製軌道。接著點選第3軌道的Make Compositing Child(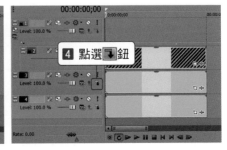) 鈕，將軌道合成至上一個軌道。

1 點選第3軌道

2 按下滑鼠右鍵

3 選擇

4 點選▼鈕

9 點選第3軌道的Track Motion(圖)，輸入[Position]的Z: 1，如同看見書封般套用在相簿翻頁的部分上，然後關閉視窗。

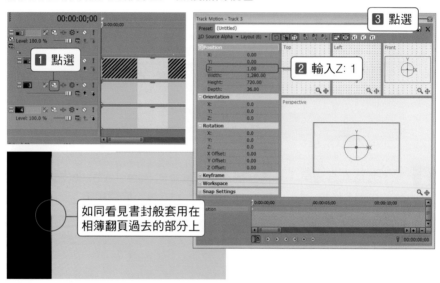

10 在第4軌道清單上按下滑鼠右鍵，選擇[Insert Video Track]，在上方新增軌道後，點選Compositing Mode(圖)鈕，再點選[3D Source Alpha]，轉換成3D模式(圖)，接著點選時間軸的03;15秒處，使編輯線移動至此後，置入[2 Photo]資料夾中的IMG_91.jpg檔案。

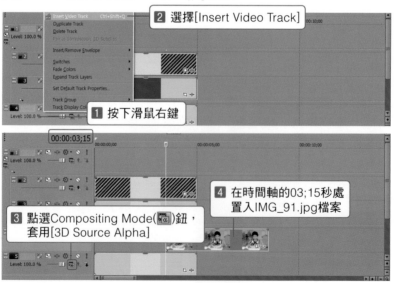

11 在照片檔案上按下滑鼠右鍵，選擇[Switches]-[Maintain Aspect Ratio]。再次點選照片檔案的Event Pan/Crop(⊡)，在F畫面上按下滑鼠右鍵，選擇[Match Output Aspect]，配合整體畫面來調和比例後，關閉視窗。

12 點選第4軌道的Track Motion(⊡)，確認Track Motion視窗上方的2個⊡⊡按鈕是否呈現著被選取的狀態後，輸入Width: 545，縮減照片大小後，輸入X: 322、Y: 168，保持照片的位置落於相簿的右頁部分後，關閉視窗。

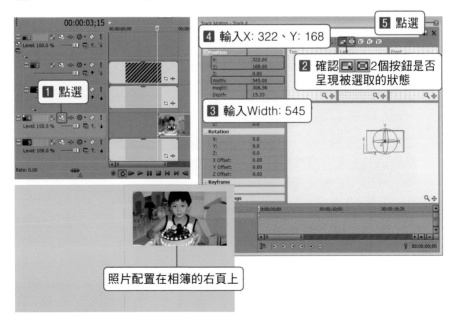

照片配置在相簿的右頁上

13 在第4軌道清單上按下滑鼠右鍵，選擇[Duplicate Track]，複製軌道。

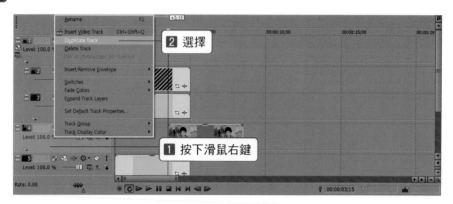

14 從[Explorer]標籤中將[2 Photo]資料夾中的IMG_92.jpg檔案按下滑鼠右鍵不放，並拖曳到第5軌道檔案上，放開右鍵後，選擇[Add as Takes]，替換檔案。

15 點選第5軌道檔案的Event Pan/Crop(⊡)，在F畫面上按下滑鼠右鍵，並選擇[Restore]，再次按下滑鼠右鍵，選擇[Match Output Aspect]，關閉視窗。

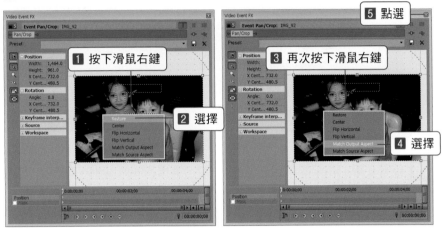

16 點選第5軌道的Track Motion(▣)，輸入[Position]的Y: -172.40，配置照片在頁面的下半部，關閉視窗。

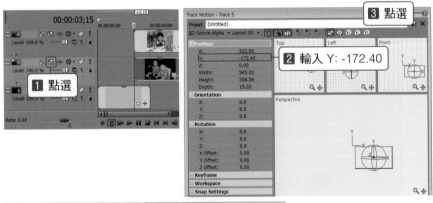

配置照片在下半部

17 為了在另一側的頁面上配置照片，按住 Ctrl 鍵不放，點選第4、第5軌道，
然後按下滑鼠右鍵，選擇[Duplicate Track]，複製2個軌道。

18 接著在第4軌道清單上按下滑鼠右鍵，選擇[Insert Video Track]，在上方新
增軌道後，點選第5與第6軌道的Make Compositing Child(■)鈕，將軌
道合成至第4軌道，然後點選第4軌道的Compositing Mode(■)鈕，選擇
[3D Source Alpha]，將軌道套用成3D模式(■)。

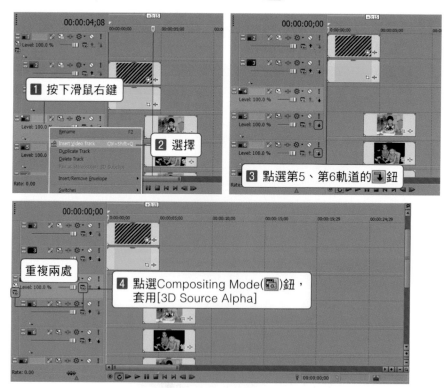

19 點選第4軌道的邊緣，會將合成的子母軌道一起選取起來，再將選取的軌道向上拖曳，置於第2和第3軌道之間。

> **2** 將選取的軌道拖曳到第2和第3軌道之間
>
> **1** 點選邊緣，全選軌道

20 為了將照片配置在相簿的另一側，點選合成至第3軌道的Parent Motion(◫)，輸入[Position]的Z: 1、X: 0.25，將照片配置好在頁面上後，關閉視窗。

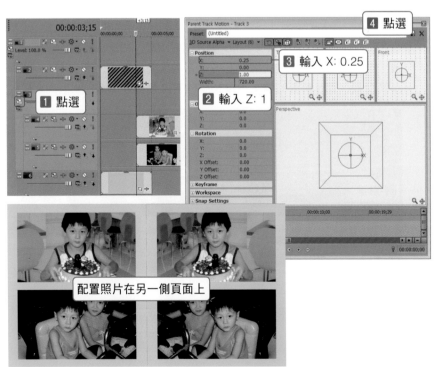

> **1** 點選
>
> **2** 輸入 Z: 1
>
> **3** 輸入 X: 0.25
>
> **4** 點選
>
> 配置照片在另一側頁面上

21 點選第4軌道檔案的Event Pan/Crop(⊡)，為了使水平翻轉的照片恢復正常，在F畫面上按下滑鼠右鍵，選擇[Flip Horizontal]後，關閉視窗。

22 從[Explorer]標籤中將[2 Photo]資料夾的IMG_93.jpg檔案按住滑鼠右鍵不放，並拖曳至第4軌道的檔案上，放開滑鼠後，選擇[Add as Takes]，進行檔案交換。第5軌道的檔案也以相同的方法來交換IMG_94.jpg檔案。

23 點選第4軌道的Event Pan/Crop()，在F畫面上按下滑鼠右鍵，選擇[Restore]，再次按下滑鼠右鍵，選擇[Match Output Aspect]，關閉視窗。第5軌道的檔案也同樣地套用。。

Note Match Output Aspect

套用 Match Output Aspect 是要讓比例不同的照片檔案在使用時，能夠套用相同的比例並填滿整個畫面。

24 將相簿的書封檔案和內頁檔案的末端 ⊞ (Trim Event End) 向後拖曳，對齊
照片檔案的結尾；也將照片檔案的前端 ⊞ (Trim Event Start) 向前拖曳直到
時間軸的起點，增加檔案的長度。

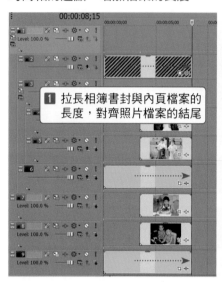

1 拉長相簿書封與內頁檔案的
長度，對齊照片檔案的結尾

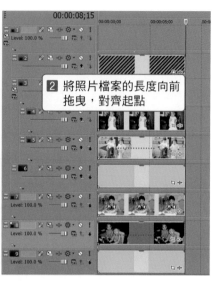

2 將照片檔案的長度向前
拖曳，對齊起點

25 按下鍵盤 Ctrl + Shift + Q，在最上方新增 1 個軌道，按下 Ctrl + A，選取所有
的軌道後，點選最下方第 10 軌道的 Make Compositing Child (⬇) 鈕，合
成至第 1 個軌道。然後點選第 1 軌道的 Compositing Mode (📷)，選擇 [3D
Source Alpha]，將軌道套用成 3D 模式 (📦)。

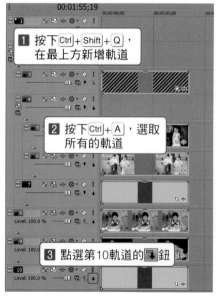

1 按下 Ctrl + Shift + Q，
在最上方新增軌道

2 按下 Ctrl + A，選取
所有的軌道

3 點選第 10 軌道的 ⬇ 鈕

重複兩處

點選，套用 [3D Source Alpha]

26 點選可調整整個相簿的第1軌道之Parent Motion()，輸入[Position]的Z: 500後，關閉視窗。

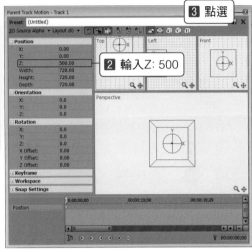

27 在第10軌道的下方置入[2 Photo]資料夾裡的IMG_21.jpg檔案，檢視最終的結果，可看到相簿翻頁、呈現照片的效果。

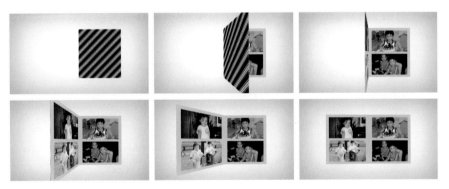

結果檔案：[6 Complete Video]/Vegas Pro 12-FIN46.wmv
　　　　　[5 Project]/Vegas Pro 12-46.veg

Note 若能夠瞭解相簿翻頁的結構，就可以製作出擁有更多翻頁特效的相簿了。

製作8角形旋轉體相框

在此為大家介紹可以一邊旋轉用8角形所做成的相框一邊逐一呈現照片的效果製作。

以下為大家介紹一邊讓8角形的相框旋轉一邊逐張展現照片的效果製作。

1 以 Width: 1280、Height: 720、Pixel aspect: 1.000(Square)的設定來建立新專案。接著按下 Ctrl + Shift + Q，共新增9個軌道後，維持第1軌道空白，從第2軌道到第9軌道依序置入[2 Photo]資料夾裡的IMG_99~IMG_107.jpg等檔案。

2 按下 Ctrl + A ，選取所有的檔案後，在檔案上按下滑鼠右鍵，選擇 [Switches] -[Maintain Aspect Ratio]，讓照片填滿整個畫面。

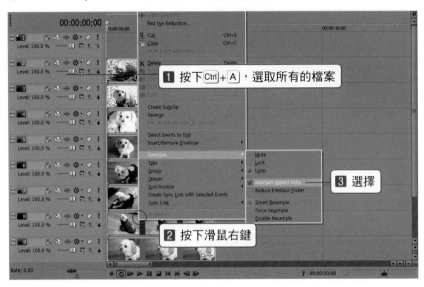

3 點選第 2 軌道檔案的 Event Pan/Crop(🔲)，在 F 畫面上按下滑鼠右鍵，選擇 [Match Output Aspect]，配合固定的比例後，關閉視窗。同樣地從第 3 到 第 9 軌道，分別點選其 Event Pan/Crop(🔲)，套用相同的設定。

4 點選第2軌道的Make Compositing Child(鈕，將所有的軌道合成至第1軌道，再點選第1軌道的所有Compositing Mode(鈕)，選擇[3D Source Alpha]，將軌道套用成3D模式()。

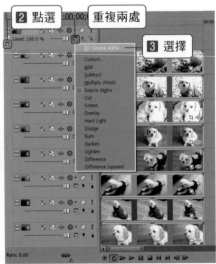

5 為了能輕易確認8角形相框的製作過程，點選第1軌道的Parent Motion()，輸入[Position]的Z: 2000，關閉視窗。

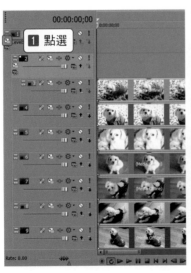
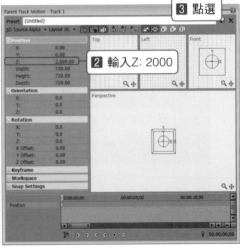

6 點 選 第 2 軌 道 的 Track Motion()， 輸 入 [Position] 的 X: 1092.50、Z: -1092.50，再輸入 [Rotation] 的 Y: 255 後，關閉視窗。

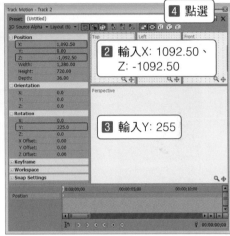

7 點選第 3 軌道的 Track Motion(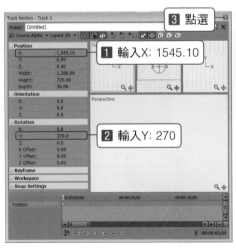)，輸入 [Position] 的 X: 1545.10，再輸入 [Rotation] 的 Y: 270 後，關閉視窗。

8 點 選 第4軌 道 的Track Motion(📧)， 輸 入[Position]的X: 1092.50、Z: 1092.50，再輸入[Rotation]的Y: 315後，關閉視窗。

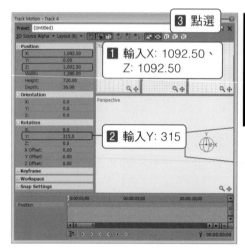

9 點選第5軌道的Track Motion(📧)，輸入[Position]的Z: 1545.10，再輸入 [Rotation]的Y: 360後，關閉視窗。

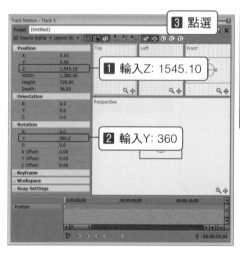

10 點選第6軌道的Track Motion()，輸入[Position]的X: -1092.50、Z: 1092.50，再輸入[Rotation]的Y: 45後，關閉視窗。

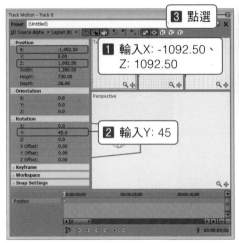

11 點選第7軌道的Track Motion()，輸入[Position]的X: -1545.10，再輸入[Rotation]的Y: 90後，關閉視窗。

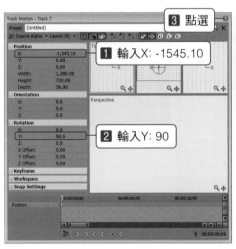

12 點選第8軌道的Track Motion()，輸入[Position]的X: -1092.50、Z: -1092.50，再輸入[Rotation]的Y: 135後，關閉視窗。

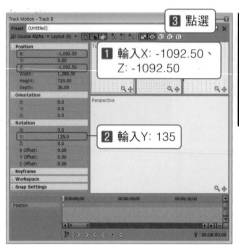

13 點選第9軌道的Track Motion()，輸入[Position]的Z: -1545.10後，關閉視窗。

14 為了使水平翻轉的照片恢復正常，點選第2到第8軌道的Event Pan/Crop(⬚)，在F畫面上按下滑鼠右鍵，選擇[Flip Horizontal]，套用水平翻轉功能後，關閉視窗。

15 將所有檔案的末端拉長至15;00秒處。點選第1軌道的Parent Motion(⬚)，再點選時間軸的03;00秒處，輸入[Orientation]的X: 25；再點選時間軸的14;00秒處，輸入[Rotation]的Y: 270，套用旋轉的Motion後，關閉視窗。

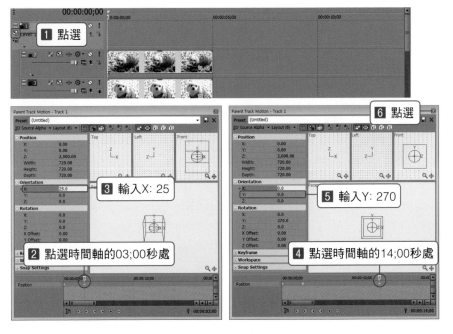

16 從[Media Generator]標籤中將[Color Gradient]的[Sunburst]Preset置入
到第9軌道的下方,製作背景色。檢視最終的結果,可看到以8角形所製成
的相框一邊旋轉一邊展示各軌道中的照片效果。

結果檔案:[6 Complete Video]/Vegas Pro 12-FIN47.wmv
　　　　　[5 Project]/Vegas Pro 12-47.veg

Vegas Pro Technic Book

外掛程式活用技巧 07

Lesson

PluginPac 外掛程式是 Vegas 必備外掛程式之一，可惜 64 位元 Vegas 沒有支援，無法在 Vegas Pro 12 以後的版本上使用。因此，請各位讀者們在安裝 Vegas Pro 12 以後的版本後，另外追加安裝 Vegas Pro 10.0 或 11.0 的 32 位元版本，再安裝 PluginPac 外掛程式，以利於本章學習過程的進行。

PluginPac 外掛程式可以到 http://www.debugmode.com/pluginpac/ 裡，按下 [click here.] 下載後安裝。

❶ 製作 Flip 數位相框

如翻轉時鐘般，數字或照片被裁切成半的狀態下逐張進行具有簡潔感的月曆翻頁效果，是 CF、MV 裡常見的特效，若想在 Vegas 裡製作這種效果，必須使用到 PluginPac 外掛程式。

Note 安裝外掛程式時，不要隨便指定一個安裝路徑，最好使用預設值。若擅自變更安裝路徑，可能會有 Vegas 無法辨識外掛程式的問題產生。

1 點選上方選單裡的[File]-[New]，設定Width: 1280、Height: 720、Pixel aspect: 1,000(Square)，建立專案。接著按下 Ctrl + Shift + Q ，共新增3個軌道後，在第2軌道置入[2 Photo]資料夾的IMG_65.jpg檔案；在第3軌道置入[2 Photo]資料夾的IMG_69.jpg檔案。

按下 Ctrl + Shift + Q ，新增3個軌道

IMG_65.jpg檔案

IMG_69.jpg檔案

> **Note** 此次過程是使用PluginPac來進行作業，一定要下載PluginPac並安裝；請在安裝Vegas 10.0或11.0的32位元版本後再開始作業。64位元的作業系統一樣能追加安裝32位元的Vegas版本來使用。

2 點選第2軌道的Make Compositing Child(🔽)鈕，將所有軌道合成至第1軌道，建立子母軌關係。

點選第2軌道的🔽鈕

3 點選第1和第2軌道所有的Compositing Mode(🔳)，選擇[3D Source Alpha]，轉換成3D模式(🔳)。

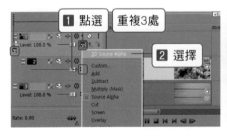

1 點選　重複3處

2 選擇

轉換成3D模式(🔳)

4 點選合成至第1軌道的Parent Motion()鈕，輸入[Position]的Width: 500，縮小畫面，關閉視窗。

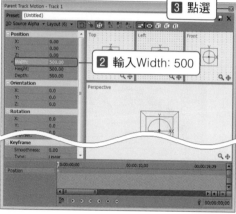

5 從[Video FX]標籤中將[Border]的[Solid White Border]Preset套用在第2軌道的檔案上，在顯示設定視窗後，輸入Size: 0.050，關閉視窗。

6 從[Video FX]標籤中將[PluginPac 3D LE]的[(Default)]Preset套用在第2軌道的檔案上。

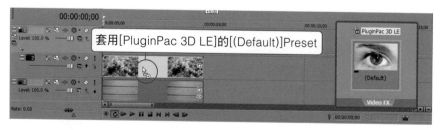

Note 步驟6的[PluginPac 3D LE]必須安裝PluginPac，才會顯示在[Video FX]標籤裡。

7 顯示PluginPac視窗後,輸入Crop Bottom: 0.50,刪除照片檔案的下半部後,關閉視窗。

8 在第2軌道清單上按下滑鼠右鍵,選擇[Duplicate Track],複製軌道。

9 接著點選第3軌道的Event FX(),在PluginPac視窗中輸入Crop Top: 0.50、Crop Bottom: 0.0,刪除照片的上半部後,關閉視窗。

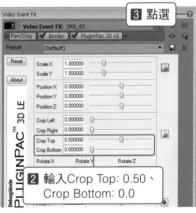

10 點選第2軌道的Track Motion(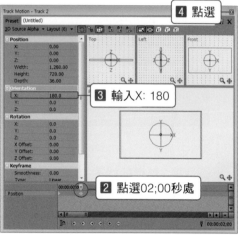)，在Track Motion視窗裡，點選時間軸的02;00秒處，輸入[Orientation]的X: 180，關閉視窗。

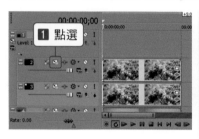

11 將第2軌道的檔案末端(⊞)向左拖曳，縮小到01;01秒處；將第3軌道的檔案末端縮小到01;16秒處。

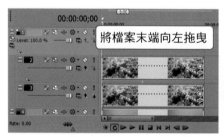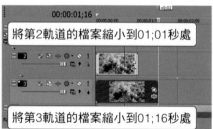

12 在第3軌道清單上按下滑鼠右鍵，選擇[Duplicate Track]，複製軌道。

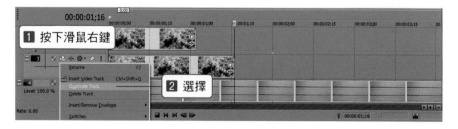

13 選取第4軌道的檔案，按下 Del 予以刪除。接著將[2 Photo]資料夾的 IMG_66.jpg檔案置入到第4軌道。

14 選取第2軌道的檔案，按下 Ctrl + C 予以複製，在第4軌道的檔案上按下滑 鼠右鍵，選擇[Paste Event Attributes]，使其套用相同的效果。

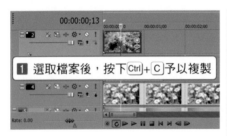

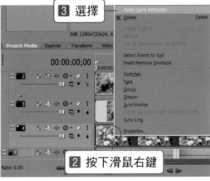

15 接續第2軌道的檔案末端，置入與第4軌道相同的檔案(IMG_66.jpg)。

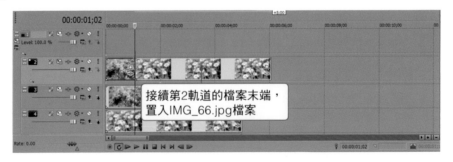

16 選取第4軌道的檔案，按下 Ctrl + C 予以複製，在第2視訊軌道追加的 IMG_66.jpg檔案上按下滑鼠右鍵，選擇[Paste Event Attributes]，使其套用相同的效果。

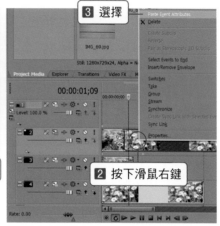

3 選擇

2 按下滑鼠右鍵

1 選取檔案後，按下 Ctrl + C 予以複製

17 點選第2軌道的檔案之Event Pan/Crop(◻)，在F畫面上按下滑鼠右鍵，選擇[Flip Vertical]，使照片垂直翻轉後，關閉視窗。

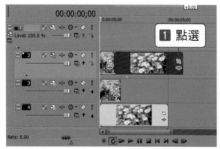

1 點選

4 點選

2 按下滑鼠右鍵

3 選擇

18 點選第4軌道的 Track Motion(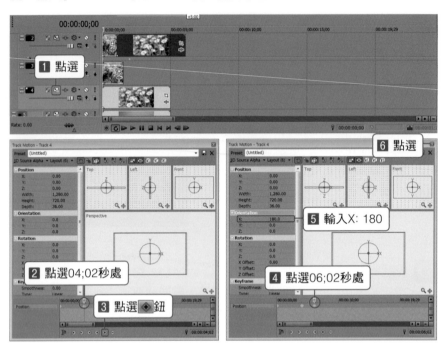)，在 Track Motion 視窗裡，點選時間軸的04;02秒處，並點選 Create Keyframe(⬦)鈕；再次點選時間軸的06;02秒處，輸入 [Orientation] 的 X: 180 後，關閉視窗。

19 將第4軌道的檔案末端(⊞➜)向右拖曳，拉長到05;02秒處；將第2軌道的檔案末端(⊞➜)向左拖曳，縮小到05;17秒處。

20 接著在第4軌道的檔案末端，加入[2 Photo]資料夾的IMG_67.jpg檔案。接著選取第4軌道的前方檔案，按下 Ctrl + C 予以複製，並在追加的IMG_67. jpg檔案上按下滑鼠右鍵，選擇[Paste Event Attributes]，使其套用相同的效果。

3 按下滑鼠右鍵，套用[Paste Event Attributes]

2 選取前方檔案，按下 Ctrl + C 予以複製

1 在第4軌道的檔案末端，加入IMG_67.jpg檔案

21 點選追加檔案的Event Pan/Crop(□)，在F畫面上按下滑鼠右鍵，選擇[Flip Vertical]，使照片垂直翻轉後，關閉視窗。

1 點選

4 點選

2 按下滑鼠右鍵

3 選擇

22 在第5軌道清單上按下滑鼠右鍵，選擇[Insert Video Track]，新增軌道後，點選新增軌道的Make Compositing Child(□)鈕，再點選Compositing Mode(□)，套用[3D Source Alpha]，轉換成3D模式。

4 點選，套用[3D Source Alpha]

2 選擇

1 按下滑鼠右鍵

3 點選

23 點選時間軸的04;02秒處,使編輯線移動至此後,在第5軌道置入與上方相同的IMG_67.jpg檔案,並使其對齊編輯線。

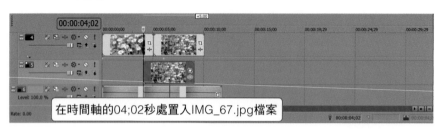

在時間軸的04;02秒處置入IMG_67.jpg檔案

24 選取上方第4軌道的前方檔案,按下 Ctrl + C 予以複製,接著在追加的第5軌道之IMG_67.jpg檔案上按下滑鼠右鍵,選擇[Paste Event Attributes],使其套用相同的效果。

1 選取檔案,按下 Ctrl + C 予以複製

按下滑鼠右鍵,套用[Paste Event Attributes]

25 確認最終的結果,可看見如翻轉時鐘般,照片從一半的狀態翻轉成一張,然後又變成一半狀態的Flip數位相框效果。若能透過製作過程來瞭解檔案排列的結構與套用特效的方式,就能設計出更多的動畫效果。

結果檔案:[6 Complete Video]/Vegas Pro 12-FIN38.wmv
　　　　　[5 Project]/Vegas Pro 12-38.veg

❷　製作百葉窗轉場效果

接下來要介紹的是讓分割成4張的影像或照片能夠依序顯現至完整影像的效
果製作方法。

1　建立專案後，按下 Ctrl + Shift + Q，新增4個軌道，並將 [2 Photo] 資料夾的
IMG_61.jpg 檔案置入其中。

1 按下 Ctrl + Shift + Q，新增4個軌道

2 4個軌道中均置入
IMG_61.jpg 檔案

2　從 [Video FX] 標籤中將 [PluginPac 3D LE] 的 [(Default)]Preset 套用在第1
軌道的檔案上。

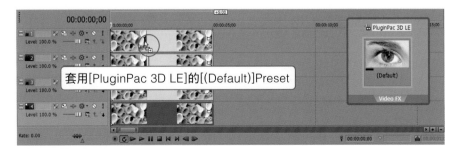

套用 [PluginPac 3D LE] 的 [(Default)]Preset

PluginPac 3D LE

(Default)

Video FX

3 顯示 PluginPac 視窗後，輸入 Crop Right: 0.75，關閉視窗。

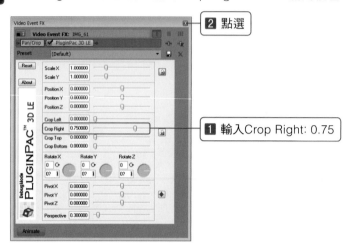

4 再次從 [Video FX] 標籤中將 [PluginPac 3D LE] 的 [(Default)]Preset 套用在第 2 軌道的檔案上。在顯示 PluginPac 視窗後，輸入 Crop Left: 0.25、Crop Right: 0.50 後，關閉視窗。

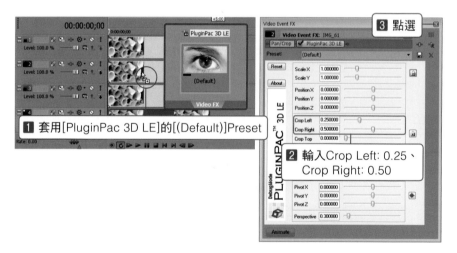

5 將[PluginPac 3D LE]的[(Default)]Preset套用在第3軌道的檔案上，輸入 Crop Left: 0.50、Crop Right: 0.25後，關閉視窗。再次將[PluginPac 3D LE]的[(Default)]Preset套用在第4軌道的檔案上，輸入Crop Left: 0.75 後，關閉視窗。如此一來，即可顯示分割成4個的檔案。

[分割成4個的畫面]

Note 確認個別軌道所套用的效果

當檔案匯入多個軌道時，很難檢視子軌道所套用的效果。此時，請點選軌道清單的Solo(◼)鈕，只有按下Solo(◼)鈕的軌道才會顯現在預覽畫面上，亦能輕易地確認套用於子軌道檔案的效果。若想回復原狀態，再次點選Solo(◼)鈕，即可回復到原本狀態。

點選Solo(◼)鈕

[只有該軌道顯示在預覽畫面上]

6 從[Video FX]標籤中將[Brightness and Contrast]的[Very Bright]Preset套用在第1軌道的檔案上。

套用[Brightness and Contrast]的[Very Bright]Preset

7 顯示設定視窗,輸入Brightness: 0.970後,點選Animate(⊙)鈕。接著點選時間軸的00;05秒處,輸入Brightness: 0.0後,關閉視窗。其餘軌道的檔案也套用[Brightness and Contrast]的[Very Bright]Preset,設定相同的設定值。

1 輸入Brightness: 0.970
2 點選

6 點選
3 點選00;05秒處
4 輸入Brightness: 0.0

8 也在套用步驟7特效的第2~4軌道檔案上完成相同設定之後,將第1軌道檔案的中央部分向右拖曳,移動至對齊00;10秒處。接著再將第2軌道的檔案向右拖曳,移動至對齊00;14秒處,距離第1軌道的檔案約00;04秒間隔。

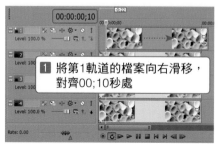

1 將第1軌道的檔案向右滑移,對齊00;10秒處

2 將第2軌道的檔案向右滑移,對齊00;14秒處

9 用與上面軌道的檔案距離00;04秒的間隔，也將第3和第4軌道的檔案向右滑移（第3軌道的檔案對齊00;18秒處；第4軌道的檔案則對齊00;22秒處）。

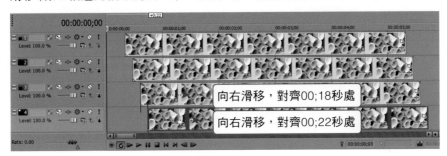

向右滑移，對齊00;18秒處

向右滑移，對齊00;22秒處

10 點選時間軸的01;10秒處，使編輯線移動至此後，將軌道的檔案末端（⊞）向左拖曳，縮短至編輯線。

1 點選時間軸的01;10秒處

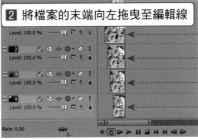

2 將檔案的末端向左拖曳至編輯線

11 選取第1軌道的檔案，按住 Shift 鍵不放，再點選第4軌道的檔案，選取了所有的檔案後，按下 Ctrl + C 予以複製。接著點選第1軌道的檔案末端，使編輯線移動至此後，按下 Ctrl + V 予以貼上。如此一來，會顯示出與前方相同的檔案。

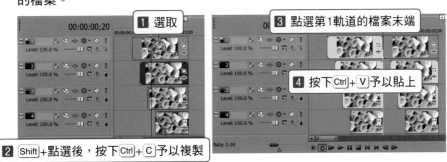

1 選取

2 Shift + 點選後，按下 Ctrl + C 予以複製

3 點選第1軌道的檔案末端

4 按下 Ctrl + V 予以貼上

12 從[Explorer]標籤中，將[2 Photo]資料夾的IMG_71.jpg檔案按著滑鼠右鍵不放，並拖曳到第1軌道的後方檔案上，放手後會出現視窗，選擇[Add as Takes]，替換檔案。

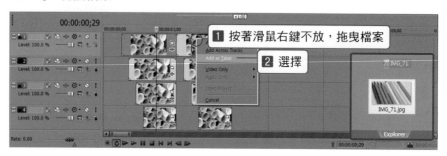

13 透過上述的方法，將後方的所有檔案替換成IMG_71.jpg檔案。

14 檢視最終的結果，可看到動畫效果出現時，是一部分一部分按照順序飛入，組合為一張照片的百葉窗轉場效果。這種效果雖然運用在單張照片上效果也不錯，但若能運用在拍攝事物移動的照片，以連續動態的方式來呈現，就可以展現出既專業又幹練俐落的轉場效果。

結果檔案：[6 Complete Video]/Vegas Pro 12-FIN39.wmv
　　　　　[5 Project]/Vegas Pro 12-39.veg

❸ 雷射打字標題效果

可以使用PluginPac外掛程式製作出來的效果之一。若使用內建於外掛程式裡的PluginPac PixelStretch，就能夠製作出雷射打字效果。

1 建立新專案，從[Media Generators]標籤中將[(Legacy)Text]的[Default Text] Preset置入到時間軸，輸入字幕(例：TRANSFORMER)。接著點選[Effect]標籤，勾選[Draw Outline]後，關閉視窗。

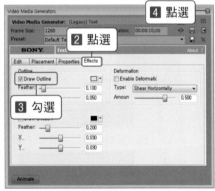

2 從[Video FX]標籤中將[PluginPac PixelStretch]的[Default]Preset套用在字幕檔案上。

3 顯示外掛視窗後，拖曳畫面上下方的Point，如圖般移動至畫面左側的角落，點選箭頭，使其移動至畫面的右下角落。

 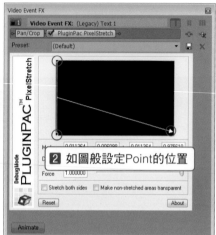

4 接著按下 Animate 鈕，開啟時間軸後，點選時間軸的07;10秒處。接著將位於畫面左側角落的Point移動到畫面的右側角落後，關閉視窗。如此一來，就套用了以基本的雷射來打字的效果。

5 為了呈現更炫的雷射效果，從[Video FX]標籤中將[Starburst]的[Simple 4 Point]Preset套用在檔案上。

套用[Starburst]的[Simple 4 Point]Preset

6 在顯示設定視窗後，如圖所示輸入各項的設定值，關閉視窗。

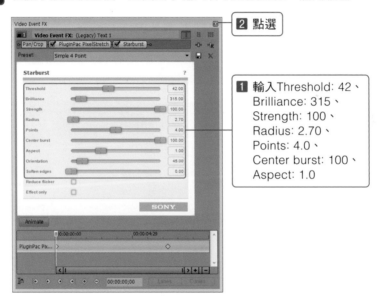

2 點選

1 輸入Threshold: 42、
Brilliance: 315、
Strength: 100、
Radius: 2.70、
Points: 4.0、
Center burst: 100、
Aspect: 1.0

7 按下 Ctrl + Shift + Q，新增軌道後，從[Media Generators]標籤中將[(Legacy) Text]的[Default Text]Preset置入到新增的軌道。

1 按下 Ctrl + Shift + Q，新增軌道

2 套用[(Legacy) Text]的[Default Text]Preset

8 顯示設定視窗後，如圖般輸入字幕；點選[Properties]標籤，選擇雷射打字效果出現時的字幕色彩後，關閉視窗。

9 從[Media Generators]標籤中將[Text Pattern]的[Gradient]Preset置入到第2軌道的下方空間，顯示設定視窗後，予以關閉。

10 點選第2軌道的Compositing Mode(圖示)，選擇[Hard Light]。

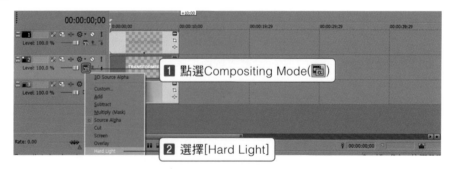

11 接著將淡入(⟨⊹⟩)套用到時間軸的07;11秒處。

套用淡入到時間軸的07;11秒處

12 從[Transitions]標籤中將[Linear Wipe]的[Left-Right, Hard Edge]Preset套用在淡入的部分，關閉顯示出來的設定視窗。

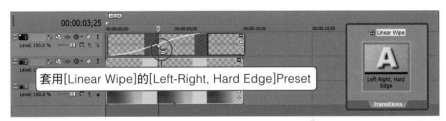

套用[Linear Wipe]的[Left-Right, Hard Edge]Preset

Note 調整雷射同步效果

Linear Wipe轉場特效的作用是在搭配基本的雷射效果，使其顯示出喜歡色彩的字幕，但是會隨著輸入的字幕或基本雷射打字效果的套用而有速度上的差異。此時，必須微調一下套用淡入效果的區間，使雷射效果與字幕出現的時間點一致。

---

13 播放並檢視最終的結果，可看到如雷射打字般，在光柱移動的同時，字幕逐字被打出來的效果。

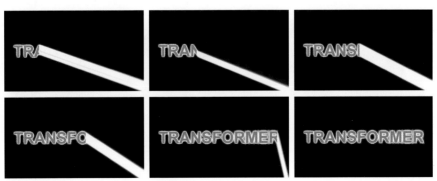

結果檔案：[6 Complete Video]/Vegas Pro 12-FIN40.wmv
　　　　　[5 Project]/Vegas Pro 12-40.veg

④ 製作牆壁碎裂效果

使用包含在PluginPac外掛程式裡的PluginPac Shatter3D，可製作出畫面破裂成碎片般的效果。

1 建立新專案後，將[2 Photo]資料夾的IMG_72.jpg檔案置入到時間軸。

置入IMG_72.jpg檔案

2 點選檔案的Event Pan/Crop(🔲)，勾選[Mask]後，如圖般在牆壁上套用碎片形狀的遮罩。接著選擇Mode: Negative，然後關閉視窗。

1 點選

5 點選

4 選擇Mode: Negative

3 套用碎片形狀的遮罩

2 勾選

3 在軌道清單上按下滑鼠右鍵，選擇[Duplicate Track]，複製軌道。

4 點選第1軌道的檔案之Event Pan/Crop(□)，選擇Mode: Positive，然後關閉視窗。

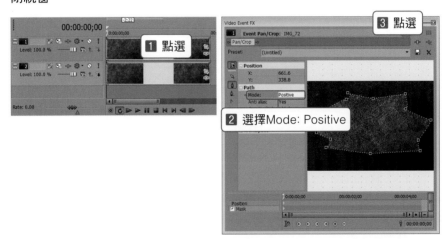

5 從[Video FX]標籤中將[PluginPac Shatter3D]的[(Default)]Preset套用在第1軌道的檔案上。

6 顯示外掛程式的視窗後，點選時間軸的00;28秒處，再點選Create Keyframe()鈕。接著點選時間軸的01;26秒處，輸入Shattering force: 0.210、Gravity: 0.550、Random rotate: 0.1680。

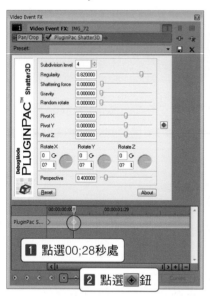
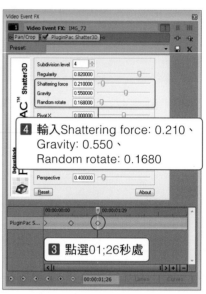

4 輸入Shattering force: 0.210、Gravity: 0.550、Random rotate: 0.1680

1 點選00;28秒處

2 點選 ◈ 鈕

3 點選01;26秒處

7 再次點選時間軸的02;19秒處，在輸入Shattering force: 0.380、Gravity: 1.0、Random rotate: 0.300、Pivot Z: -2.40後，關閉視窗。如此一來，畫面中央會呈現出牆壁破裂剝落的效果。

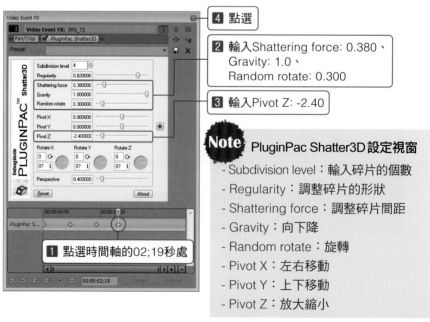

4 點選

2 輸入Shattering force: 0.380、Gravity: 1.0、Random rotate: 0.300

3 輸入Pivot Z: -2.40

1 點選時間軸的02;19秒處

Note PluginPac Shatter3D 設定視窗

- Subdivision level：輸入碎片的個數
- Regularity：調整碎片的形狀
- Shattering force：調整碎片間距
- Gravity：向下降
- Random rotate：旋轉
- Pivot X：左右移動
- Pivot Y：上下移動
- Pivot Z：放大縮小

8 為了讓牆壁破裂剝落後標題、字幕得以顯現，從[Media Generators]標籤中將[(Legacy)Text]的[Default Text]Preset置入到第2軌道的下方空間。

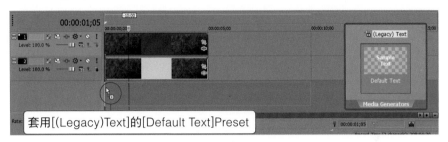

套用[(Legacy)Text]的[Default Text]Preset

9 顯示設定視窗後，如同字幕出現在牆壁破裂的部分上輸入標題，關閉視窗。

在破碎的畫面上輸入想出現的文字

10 從[Media Generators]標籤中將[Solid Color]的[White]Preset置入到第3軌道的下方，顯示設定視窗後，輸入Color: 259, 1.0, 0.64, 1.0，套用內側牆壁的色彩，然後關閉視窗。

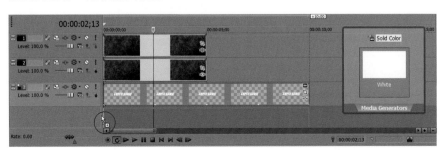

11 點選第2軌道的Track Motion(🖳)，勾選[2D Shadow]，輸入Intensity(%): 100、Blur(%): 1.0，賦予遮罩區域立體感後，關閉視窗。

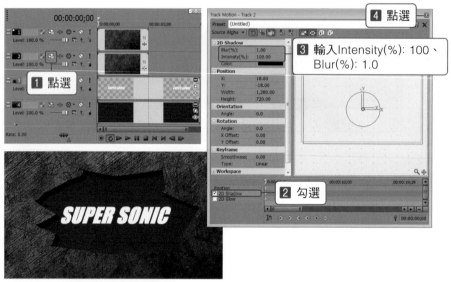

[遮罩領域套用立體感]

12 點選第1軌道的Track Motion(🖳)，勾選[2D Shadow]，輸入Intensity(%): 100、Blur(%): 0.0，賦予破裂的碎片立體感後，關閉視窗。

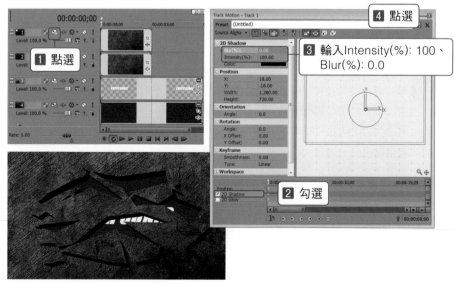

[破裂部分套用立體感]

13 點選第1軌道的檔案之Event Pan/Crop(🔲)，點選Mask時間軸的00;29秒處，再點選Create Keyframe(◆)鈕。

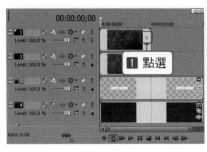
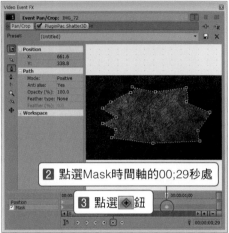

1 點選

2 點選Mask時間軸的00;29秒處

3 點選◆鈕

14 接著點選時間軸的00;28秒處，在遮罩畫面上按下滑鼠右鍵，選擇[Reset Mask]，解除所套用的遮罩。再次點選起點的Keyframe，同樣地在遮罩畫面上按下滑鼠右鍵，選擇[Reset Mask]，解除所套用的遮罩後，關閉視窗。

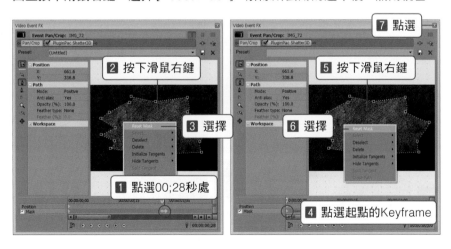

2 按下滑鼠右鍵

3 選擇

1 點選00;28秒處

7 點選

5 按下滑鼠右鍵

6 選擇

4 點選起點的Keyframe

在上述的過程當中去除遮罩的理由，乃是從時間軸的00;28秒處起牆壁破裂的效果才會顯現，從該部分起套用在破裂部分上的立體效果才會顯現。

15 檢視最終的結果，可看到牆壁一邊破裂剝落一邊顯露標題、字幕出來的效果。

結果檔案：[6 Complete Video]/Vegas Pro 12-FIN41.wmv
[5 Project]/Vegas Pro 12-41.veg

❺ 製作字幕破碎的標題效果

使用可以製作破碎效果的PluginPac Shatter3D來製作出字幕破碎般的效果。

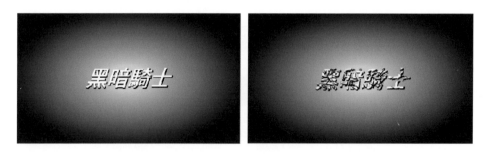

1 建立新專案，從[Media Generators]標籤中將[(Legacy)Text]的[Default Text]Preset置入到時間軸後，在字幕輸入視窗上輸入必要的標題和字幕，點選[Properties]標籤，選擇字幕色彩後，關閉視窗。

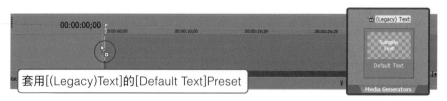

套用[(Legacy)Text]的[Default Text]Preset

2 從[Media Generators]標籤中將[Color Gradient]的[Sunburst]Preset置入到字幕軌道的下方空間。顯示設定視窗後，點選Point①處，輸入R: 161, G: 245, B: 255, A: 255，點選Point②處，輸入R: 0, G: 25, B: 94, A: 255，套用背景色或以想要的樣式來設定背景色後，關閉視窗。

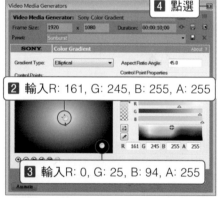

3 點選第1軌道的Track Motion (圖)，勾選[2D Shadow]，輸入Intensity(%): 100、Blur(%): 0.0，以及輸入[Position]的X: 2.18、Y: -5.0後，關閉視窗。

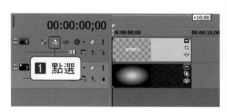

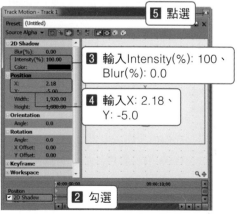

4 從[Video FX]標籤中將[PluginPac Shatter3D]的[(Default)]Preset套用在第1軌道的字幕檔案上。

套用[PluginPac Shatter3D]的[(Default)]Preset

5 在外掛程式的視窗中,輸入Subdivision level: 10後,點選時間軸的01;15秒處,再點選Create Keyframe(◆)鈕。

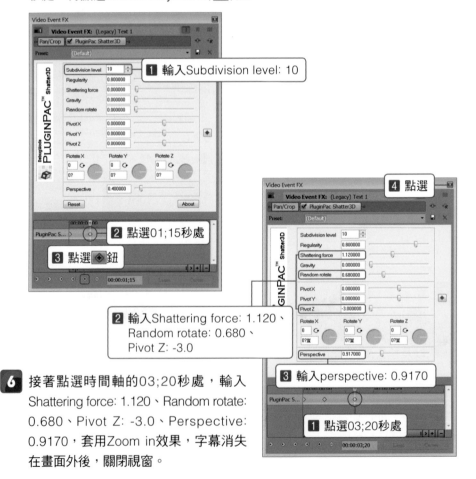

1 輸入Subdivision level: 10

2 點選01;15秒處

3 點選 ◆ 鈕

4 點選

2 輸入Shattering force: 1.120、Random rotate: 0.680、Pivot Z: -3.0

3 輸入perspective: 0.9170

1 點選03;20秒處

6 接著點選時間軸的03;20秒處,輸入Shattering force: 1.120、Random rotate: 0.680、Pivot Z: -3.0、Perspective: 0.9170,套用Zoom in效果,字幕消失在畫面外後,關閉視窗。

7 檢視最終的結果，可看到字幕出現後破裂、再往畫面外消失的效果。

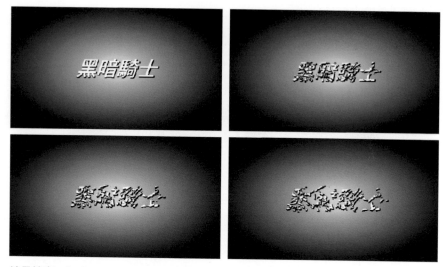

結果檔案：[6 Complete Video]/Vegas Pro 12-FIN42.wmv
　　　　　[5 Project]/Vegas Pro 12-42.veg

⑥ 使用 AAV ColorLab 外掛之簡易色彩變更

AAV ColorLab 外掛程式是免費的外掛程式，具支援修改影像色彩之功能，可簡單地將影像或影片裡特定區域的色彩變更成想要的顏色。

此外掛程式可從 http://code.google.com/p/colorlab/downloads/list 裡進行下載，支援 32 位元及 64 位元，在最新的 Vegas Pro 13 及先前的版本裡都能使用。

1 建立新專案，將[1 Video]資料夾的HDV25.wmv 檔案置入到時間軸。

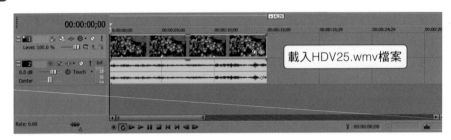

2 從[Video FX]標籤中將[AAV ColorLab]的[(Default)]Preset套用在檔案上
（※ 必須事先安裝好AAV ColorLab外掛程式）。

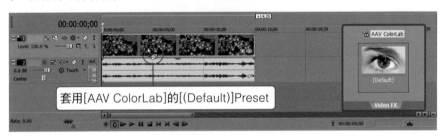

3 顯示外掛程式的視窗後，從[Source]裡的Red、Green、Blue、Cyan、
Magenta、Yellow當中，選擇與想要變更成其他色彩的部分色彩相同或類
似的色彩。範例檔所使用的影像因為是粉紅色的花，所以選擇[Magenta]。

4 接著移動 [Hue] 的滑桿，可看到粉紅色的花瓣變成了其他顏色，選擇想要的顏色；再調整 [Saturation] 滑桿以調整色彩的濃度；調整 [Lightness] 滑桿以調整色彩的亮度後，關閉視窗。

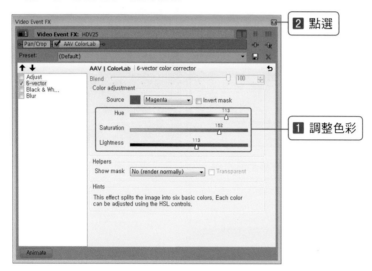

5 如此一來，影像中想要變色的部分就會被變成其他色彩了。比使用 Vegas 的 [Video FX] 標籤的 [Color Corrector (Secondary)] 更為方便。

外圍部分之黑白處理

從Source選擇和影像色彩中要顯示的部分色彩相同的顏色，勾選[Invert mask]，將[Saturation]滑桿滑移至最左側，僅變更色彩的部分會以彩色顯示，而周邊部分則套用黑白處理。

僅外圍部分作黑白處理

 ## 活用NewBlue cartoonr外掛程式

製作支援Vegas之各種商用外掛程式的NewBlue公司免費提供了一款可將影像編修成漫畫風格的cartoonr外掛程式，使用方法如下。

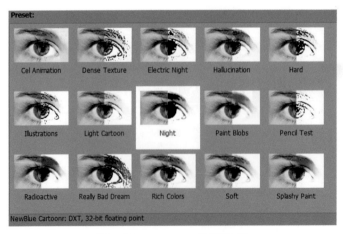

[NewBlue cartoonr外掛程式]

1 首先，在瀏覽器裡輸入http://old.newbluefx.com/cartoonr，在[FREE DOWNLOAD]下方輸入姓名與電子郵件信箱後，按下[Download]鈕。

2 接著在瀏覽視窗的下方出現標籤，選擇[儲存]-[另存新檔]，將外掛程式的安裝檔儲存於桌面。

3 按二下儲存於桌面的該安裝檔，執行安裝，在出現的視窗裡，點選[Next]。

4 接下來的視窗亦點選[Next]，再點選[Agree]。

5 出現Registration視窗時，在Name裡輸入名字，Email因為要接收可免費使用的序號，所以要輸入使用中的電子郵件信箱。接著點選[Next]，會開啟輸入序號的視窗。

6 確認電子郵件信箱，開啟來自[NewBlueFX Activation Instructions for⋯]的郵件，選取信件內容中出現在[Your Cartoonr unlock key is⋯]部分的Code，按下Ctrl + C予以複製（如果沒看到信件，到垃圾郵件裡確認一下）。

7 將複製好的序號，按下 [Ctrl]+[V]，貼在輸入序號的欄位裡，接著點選 [Next]，再點選 [Finish]，完成安裝。

8 執行 Vegas，將檔案置入時間軸，從 [Video FX] 標籤中將 [NewBlue cartoonr] 裡想要的 Preset 套用在檔案上。

9 顯示設定視窗後，可直接關閉視窗或調整各部分的設定值。如此即可輕鬆 地套用卡通漫畫效果。

⑧ 製作3D文字破碎的標題字幕

在Vegas裡,雖然無法製作完美的3D文字,但只要使用支援Vegas的外掛程式BorisFX Continuum Complete 8,在Vegas裡也能製作具專家水準的3D文字,克服原本Vegas無法製作的3D作業。本過程當中,將使用BCC8(BorisFX Continuum Complete 8)外掛程式來製作3D文字標題破碎的效果。目前最新版本為Continuum Complete 9。

BorisFX Continuum Complete 8外掛程式是商用的外掛程式,可透過http://www.borisfx.com網站,下載可免費使用14天的試用版。

1 設定Width: 1280、Height: 720、Pixel aspect: 1.000(Square),建立新專案後,再按下 Ctrl + Shift + Q,新增軌道。在新增的軌道上按下滑鼠右鍵,選擇[Insert Empty Event],產生Empty Event 檔案。

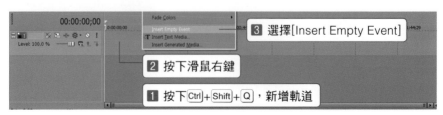

2 點選Empty Event檔案的Event FX()，在外掛程式的選擇視窗裡，選取 [BCC Extruded Text]後，再點選[OK]。

3 顯示外掛程式視窗後，點選[Lanuch Text Window]，在文字視窗裡輸入想 要的標題字幕，設定字體的種類與大小後，點選[Apply]。

編修字幕

若想編修設定好的字幕，在外掛程式視窗裡點選[Launch Text Window]，拖曳輸入的字幕，就可以選取進行編修。

4 再次顯示外掛程式視窗後，點選Extrusion Style的[None]項目，再選擇[metal-brushed metal 1.bsp]。接著點選[EXTRUSION]的三角箭號，出現設定項目後，點選Bevel Style的[Straight]項目，再選擇[Convex]。

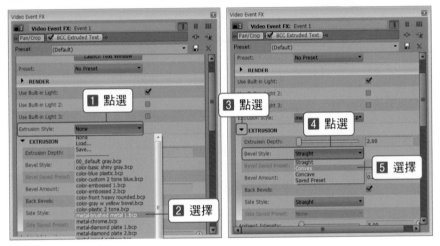

5 輸入Extrusion Depth: 10.0，或是滑移滑桿來調整文字的厚度，製作成3D文字。接著點選Plug-In-Chain(⬛)鈕。

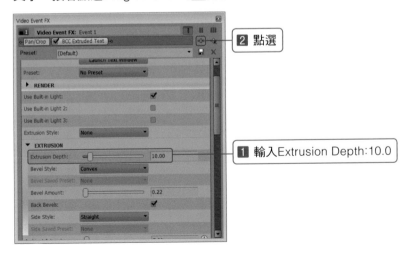

6 在外掛程式選擇視窗裡，按二下[BCC Layer Deformer]，在視窗的上半部
登錄外掛程式後，點選[OK]鈕。

7 在套用的[BCC Layer Deformer]外掛程式視窗裡，點選[FRONT MATERIAL]
的三角箭號(▶)，點選 Front Texture Layer 的[None]項目，再選擇[Source
Layer]。如此一來，即可在預覽畫面裡看到文字畫面。

8 點選下方被啟用的Texture Alpha之[No Alpha]項目，再選擇[Straight Alpha]。

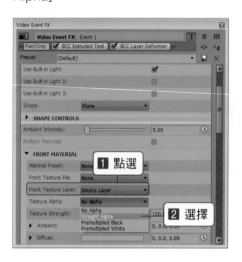

9 接著在設定項目中勾選位於[SHATTER DEFORMER]上方的[Use Shatter]，啟用[SHATTER DEFORMER]設定選單。接著點選[SHATTER DEFORMER]的三角箭號(▶)，在出現的設定項目當中，選擇[Shatter Wipe Mode]裡的[Left - > Right]，設定文字破碎的方向是從左側到右側。

10 接著輸入Spin Speed: 10.0，設定文字破碎的速度，或是透過滑桿來調整。數值愈低，速度愈慢；數值愈大，速度愈快。設定結束後，關閉視窗。

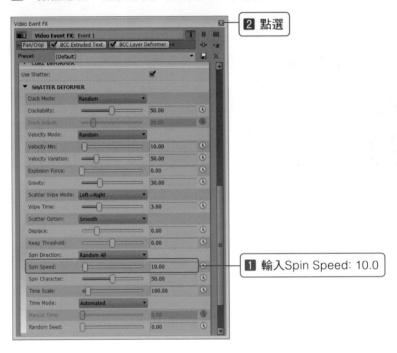

2 點選

1 輸入Spin Speed: 10.0

11 按下 Ctrl + Shift + Q ，新增軌道後，將 [1 Video] 資料夾的HDV27.wmv鏡頭光暈素材檔置入到新增的軌道，接著點選Composing Mode(圖)，選擇 [Screen]。

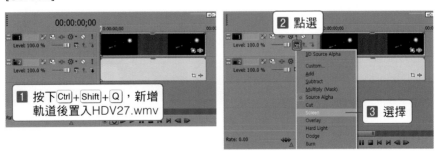

1 按下 Ctrl + Shift + Q ，新增軌道後置入HDV27.wmv

2 點選

3 選擇

12 檢視最終的結果，可看到文字從左往右開始破碎的標題字幕特效。

結果檔案：[6 Complete Video]/Vegas Pro 12-FIN43.wmv
　　　　　[5 Project]/Vegas Pro 12-43.veg

活用Vegas的密技

Lesson

 高效率編輯作業的密技

1.1 輕鬆編輯Full HD影像

在編輯以Full HD拍攝的影像時，若使用低階的PC，預覽畫面粗糙且斷續，難以確認影像。在此為大家介紹更容易進行高畫質影像編輯的方法。

首先，複製[7 Program]資料夾裡的proxy_stream.dll檔，貼到C:\Program Files\Sony\Vegas Pro 12\Script Menu資料夾裡。

1 將Full HD影像檔案置入時間軸後，點選上方選單的[Tools]-[Scripting]-[Proxy_stream](Full HD影像未提供作為範例檔)。

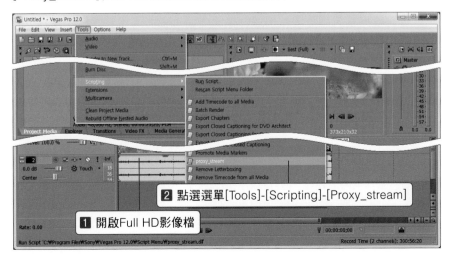

2 在出現的視窗裡，點選[Input]的[Browse]，指定既有檔案所在的資料夾。在右側的檔案格式中，勾選檔案的副檔名，則會顯示指定資料夾裡的檔案。在[Format]裡指定[Windows Media Video V11]，在[Template]裡的畫質值裡，設定為512kbps或3Mbps，點選[Convert]。

1 指定檔案所在的資料夾

2 勾選檔案的副檔名

3 Windows Media Video V11

4 設定512kbps或3Mbps

5 點選

3 顯示詢問是否儲存專案的視窗後，點選[是]，儲存專案。接著會進行範例的算圖，算圖結束後，在出現的視窗裡點選[確認]。

點選

4 如此一來，會看到原本位於[Project Media]標籤裡的檔案轉換為wmv檔。若將檔案置入到時間軸裡進行編輯作業，在將高畫質的原始檔以低畫質算圖的狀態下，編輯作業可進行得更順暢。

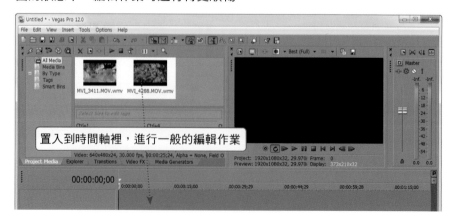

置入到時間軸裡，進行一般的編輯作業

5 完成編輯作業後，為了回復成高畫質的原始檔，點選上方選單的[Tool]-[Scripting]-[Proxy_stream]。

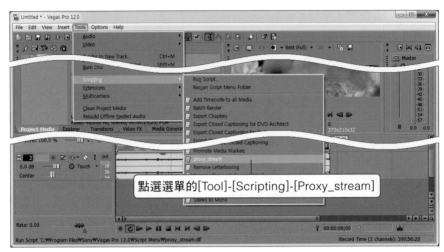

6 在出現的視窗裡點選[Switch]標籤，再選擇[Source files](原始檔)後，點選[Switch]。等到回復成原始檔的過程結束後，點選[Quit]，關閉視窗。

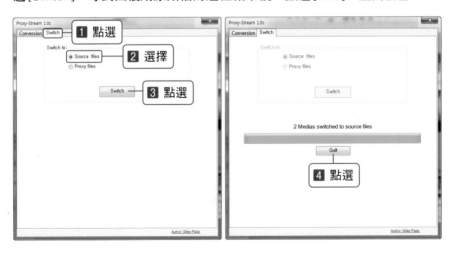

7 如此一來，[Project Media]視窗的時間軸檔案會回復成原始狀態，並維持以低畫質檔進行作業所套用的效果或編輯狀態。

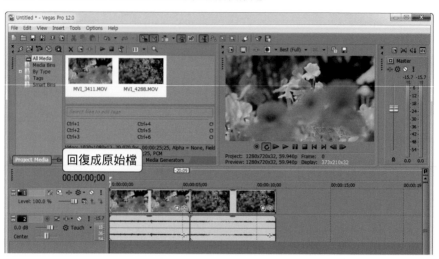

Note **以低畫質進行作業**

編輯當中，若想再次以低畫質狀態編輯的話，點選上方選單的[Tool]-[Scripting]-[Proxy_stream]後，點選[Switch]標籤，選擇[Proxy files]，在[Proxy file extension]裡選取[wmv]檔案格式後，點選[Switch]，就能回復到低畫質編輯狀態。

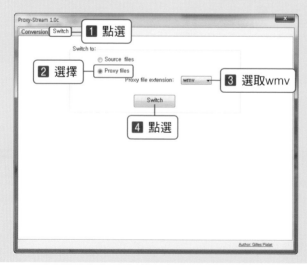

1.2 以雙螢幕進行編輯

以小的預覽畫面檢視Vegas作業內容時,會因畫面小而難以詳細確認影像編輯內容。在這樣的影像編輯過程中,若以外接螢幕來預覽畫面,在大的畫面下就能夠一目了然,作業時會更有效率。

1 將螢幕連接到PC的顯示卡上,執行Vegas,在預覽畫面上按下滑鼠右鍵,選擇[Preview Device Preferences]。

2 在顯示設定視窗後,確認是否設定為[Windows Secondary Display]或[Windows Graphics Card],在[Display adapter]裡的號碼1與號碼2當中,選擇號碼2解析度。結束設定後,點選[OK]。

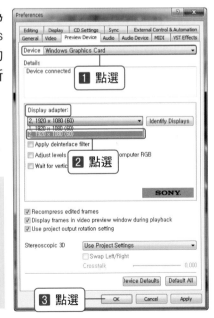

Note 雙螢幕不出現時

在Windows裡,當雙螢幕號碼設定不同時,在[Display adapter]裡選擇2號,有可能會出現因號碼不同而導致畫面不出來的現象。此時,改選號碼1即可。

3 接著按下預覽畫面的 Video Preview on External Monitor(▣)鈕。如此一來，預覽畫面會出現在設定的螢幕裡。

點選 Video Preview on External Monitor

> **Note** Video Preview on External Monitor(▣)
>
> 使用單螢幕而非雙螢幕時，點選 Video Preview on External Monitor(▣)鈕，則會看到預覽畫面填滿整個螢幕。若想取消雙螢幕檢視預覽畫面的設定，再點選一次 Video Preview on External Monitor(▣)鈕即可。

1.3 即時錄音

Vegas 本身支援錄音功能，想要在背景音樂下以麥克風錄音解說或即時錄下電腦或網路上的音樂時，不需要使用其他錄音軟體，在 Vegas 裡就能簡單地錄製想要的音樂。

1 為了錄製 PC 裡發出來的聲音，在 Windows 視窗右下方的 Speaker(◀)圖示上按下滑鼠右鍵，選擇 [錄音裝置 (R)]。

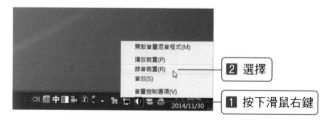

2 在出現的聲音視窗裡，按下滑鼠右鍵，選擇[顯示已停止的裝置]。出現
Stereo Mix裝置名稱時，在Stereo Mix上按下滑鼠右鍵，選擇[啟用]。

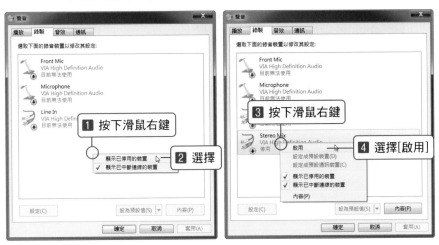

3 啟用Stereo Mix後，再按下滑鼠右鍵，選擇[內容(P)]，會顯示Stereo Mix
內容視窗，點選[等級]標籤，設定Stereo Mix的立體聲混音為50，點選
[確定]。

Note 上述步驟是以windows 7 裡內建音效卡為基準所做的說明，使用不同的作
業系統，步驟可能會略有差異，即使是相同的設定，也可能會產生無法使
用該功能的問題。

4 接著執行 Vegas，按下時間軸下方的 Record(◉)鈕。在出現的視窗裡點選 [Browse]，指定儲存錄音檔案的位置後，點選 [OK]。

5 如此一來，會出現紅色錄音檔案，開始進行錄音。想中斷錄音時，可按下 空白鍵或點選 Stop(■)，在顯示 [Recorded Files] 視窗後，點選 [Done]。

6 接著在錄音檔案裡編輯想要的部分後，拖曳選取 audio 檔案，點選 Render As(⬛)，算圖成為 wma 或 mp3。

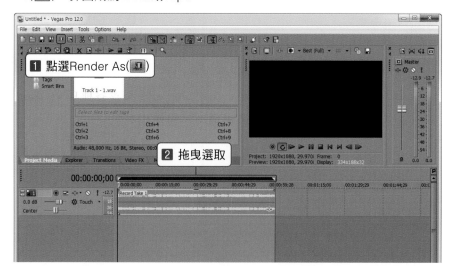

② 運用於影像編輯的好用網站

2.1　免費影像素材網站

可免費下載使用50多個以上高級影像素材與背景音樂素材的網站，是免費
影像素材網站中提供最多素材的網站。必須加入會員才能下載素材。

網址：http://www.motionbackgroundsforfree.com

2.2　高級Photoshop素材網站

可下載Photoshop相關圖樣、樣式、筆刷、PSD檔案等各種Photoshop高級
素材的網站，使用Photoshop設計影像時，可使用高級樣式的效果檔案來提
升影像的設計完成度。

網址：http://www.deviantart.com

2.3 免費字型網站

可下載各種英文字型的網站，可即時確認字型的形狀，在下載想要的字型時，非常好用的網站。

網址： http://www.dafont.com

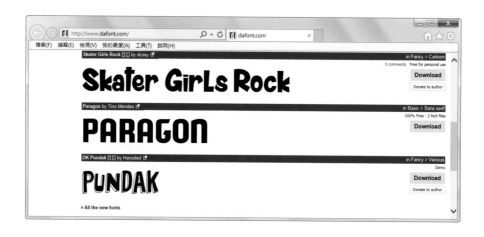

2.4 免費音樂素材網站

上傳世界各地無著作權的音樂，免費發布共享的網站。若不以營利為目的而使用的話，是可無限制使用音樂素材的網站。

網址：http://www.jamendo.com

2.5 HD Comic照片合成網站

可在100多種的有趣相框上進行照片合成的網站，支援高畫質的HD解析度合成。在呈現動畫或趣味照片時，很好用的網站。

網址：http://photofunia.com

2.6 免費鑑賞電影、TV標題的網站

從電影片頭標題開始到 TV 節目等的各種標題影片可免費鑑賞的網站。在影像設計或影像效果視覺化時，可用來參考的網站。

網址：http://www.artofthetitle.com   網址：http://www.watchthetitles.com

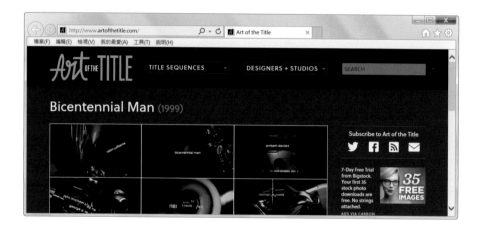

❸ 影像製作相關參考網站目錄

● Vegas支援商用外掛程式的製作網站

http://www.prodad.com

http://www.pixelan.com

http://www.redgiant.com

http://www.borisfx.com

http://www.newbluefx.com

http://www.revisionfx.com

http://www.genarts.com

http://vegasaur.com

● **商用影像素材製作網站**

http://www.digitaljuice.com

http://www.artbeats.com

http://www.videocopilot.net

● **影像設計參考網站**

http://www.aedude.com

http://videohive.net

http://www.videotour24.com

http://ramindigital.com

● **各種素材網站**

http://texture1234.smugmug.com

http://texturemate.com

http://www.hollywoodcamerawork.us

http://abali.ru

http://freepsdfiles.net

http://www.freesound.org

Vegas Pro不敗經典
邁向專業剪輯的48個具現化的技法與程序

作　　者：梁斗錫
譯　　者：郭淑慧
企劃主編：宋欣政
行銷企劃：黃譯儀

發 行 人：詹亢戎
董 事 長：蔡金崑
顧　　問：鍾英明
總 經 理：古成泉

出　　版：博悅文化股份有限公司
地　　址：221 新北市汐止區新台五路一段 112 號 10 樓 A 棟
　　　　　電話 (02) 2696-2869 傳真 (02) 2696-2867

發　　行：博碩文化股份有限公司
郵撥帳號：17484299　戶名：博碩文化股份有限公司
博碩網站：http://www.drmaster.com.tw
讀者服務信箱：DrService@drmaster.com.tw
讀者服務專線：(02) 2696-2869 分機 216、238
（週一至週五 09:30 ～ 12:00；13:30 ～ 17:00）

版　　次：2014 年 12 月初版一刷

建議零售價：新台幣 550 元
Ｉ Ｓ Ｂ Ｎ：978-986-90656-9-6 (平裝)
律師顧問：永衡法律事務所　吳佳憓

本書如有破損或裝訂錯誤，請寄回本公司更換

國家圖書館出版品預行編目資料

Vegas Pro不敗經典：邁向專業剪輯的48個
具現化的技法與程序 / 梁斗錫著；郭淑慧譯.
-- 初版. -- 新北市：博悅文化出版：博碩文化
發行, 2014.12

面；　公分

ISBN 978-986-90656-9-6 (平裝)

1.多媒體 2.數位影像處理

312.8　　　　　　　　　　　　103010934

Printed in Taiwan

博 碩 粉 絲 團

歡迎團體訂購，另有優惠，請洽服務專線
(02) 2696-2869 分機 216、238

DrMaster

深度學習資訊新領域

http://www.drmaster.com.tw

博碩文化

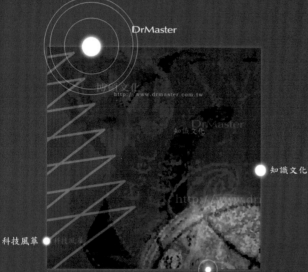

DrMaster

博碩文化
http://www.drmaster.com.tw

DrMaster
知識文化

知識文化

科技風革

http://www.drmaster.com.tw

深度學習資訊新領域